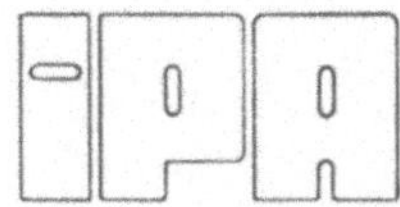

Forschung und Praxis · Band 76

**Berichte aus dem Fraunhofer-Institut
für Produktionstechnik und Automatisierung,
Stuttgart, und dem Institut
für Industrielle Fertigung und Fabrikbetrieb
der Universität Stuttgart**

Herausgeber: Prof. Dr.-Ing. H. J. Warnecke

Wolfgang Marx

Berechnung der Gestaltänderung von Profilen infolge Strahlverschleiß

Mit 58 Abbildungen

Springer-Verlag
Berlin Heidelberg New York Tokyo 1983

Dipl.-Ing. Wolfgang Marx

Fraunhofer-Institut für Produktionstechnik und Automatisierung (IPA), Stuttgart

Dr.-Ing. H. J. Warnecke

o. Professor an der Universität Stuttgart
Fraunhofer-Institut für Produktionstechnik und Automatisierung (IPA), Stuttgart

D 93

ISBN-13: 978-3-540-13054-3   e-ISBN-13: 978-3-642-47935-9
DOI: 10.1007/978-3-642-47935-9

Gesamtherstellung: Copydruck GmbH, Offsetdruckerei, Industriestraße 1-3, 7251 Heimsheim, Telefon 0 70 33/38 25-26
2362/3020-543210

<u>Geleitwort des Herausgebers</u>

Die Entwicklungen in der Produktionstechnik in den letzten Jahr-
zehnten haben entscheidend zur positiven wirtschaftlichen und
sozialen Entwicklung in der Bundesrepublik Deutschland beigetragen. Die Produktivität konnte jedes Jahr um durchschnittlich
etwa 3,5 % gesteigert werden. Mechanisierung und Automatisierung
wurden und werden stetig weiter vorangetrieben. Während es sich
bisher jedoch um Verbesserungen an einzelnen Maschinen und Anla-
gen sowie Verfahren handelte, werden heute alle Unternehmens-
bereiche erfaßt, und man ist bemüht, das gesamte System Unter-
nehmen bzw. Produktionsbetrieb zu optimieren. Das klassische
Bemühen um Optimierung des Einsatzes und Zusammenwirkens der Pro-
duktionsfaktoren Mensch, Maschine und Material muß heute erwei-
tert werden um die Berücksichtigung sozialer Belange, gesetz-
licher Auflagen, Probleme der Energieversorgung , schnellen Ver-
änderungen an den Produkten und auf den Märkten sowie Sicherung
der Qualität und der Lieferfähigkeit.

Von wissenschaftlicher Seite wird und muß dieses Bemühen unter-
stützt werden durch die Entwicklung von Methoden und Vorgehensweisen zur systematischen Analyse und Verbesserung des Systems
Produktionsbetrieb. Hier ist heute insbesondere auch der Fer-
tigungsingenieur gefordert, nicht nur einzelne Maschinen und
Verfahren zu beherrschen, sondern das gesamte komplexe System
hinsichtlich der Verknüpfung seiner Elemente durch zweckmäßigen
Informations- und Materialfluß. Beispielhaft seien dazu nur hinsichtlich des Informationsflusses die heute gegebenen Möglichkeiten der Datenerfassung und -verarbeitung in Fertigungsplanung
und -steuerung an den einzelnen Produktionsanlagen sowie im
Qualitätswesen genannt. Im Materialfluß geht es um richtige
Auswahl und Einsatz von Fördermitteln, Förderhilfsmitteln sowie
Anordnung und Ausstattung von Lägern. Der weiteren Automatisierung in der Handhabung von Werkstücken und Werkzeugen sowie der
Montage von Produkten wird in nächster Zukunft allergrößte Auf-
merksamkeit geschenkt werden. Leistungsfähige Sensoren werden
die Möglichkeiten dafür sehr stark vergrößern.

Die beiden vom Herausgeber geleiteten Institute, das Institut
für Industrielle Fertigung und Fabrikbetrieb der Universität
Stuttgart sowie das Fraunhofer-Institut für Produktionstechnik
und Automatisierung in Stuttgart, arbeiten in grundlegender und
angewandter Forschung intensiv an den aufgezeigten Entwicklungen in der Produktionstechnik mit. Zur Umsetzung gewonnener
Erkenntnisse wird die Schriftenreihe "IPA Forschung und Praxis"
herausgegeben. Der vorliegende Band setzt diese Reihe fort,
eine Übersicht über bisher erschienene Titel wird am Schluß
dieses Bandes gegeben.

Dem Verfasser sei für die geleistete Arbeit gedankt, dem Springer-Verlag für die Aufnahme dieser Schriftenreihe in seine An-
gebotspalette und der Druckerei für saubere und zügige Aus-
führung.Möge das Buch von der Fachwelt gut aufgenommen werden.

                                    Hans-Jürgen Warnecke

<u>Vorwort</u>

Die vorliegende Dissertation entstand während meiner Tätig-
keit als wissenschaftlicher Mitarbeiter am Fraunhofer-Institut
für Produktionstechnik und Automatisierung (IPA) in Stuttgart.

Herrn Professor Dr.-Ing. H.-J. Warnecke, dem Direktor des IPA
und Leiter des Instituts für Industrielle Fertigung und Fabrikbetrieb (IFF) der Universität Stuttgart, bin ich für seine
wohlwollende Förderung und Unterstützung sowie für die wertvollen Hinweise zu dieser Arbeit zu großem Dank verpflichtet.

Herrn Professor Dr.-Ing. H. Uetz, dem stellvertretenden Direktor der Materialprüfungsanstalt (MPA) Universität Stuttgart,
danke ich für die wertvollen fachlichen Anregungen, für die
Bereitschaft zur kritischen Durchsicht des Manuskripts und für
die Übernahme des Mitberichts.

Darüberhinaus möchte ich mich bei allen Mitarbeitern des IPA
bedanken, die durch ihre Mitarbeit und anregende Kritik zum
Gelingen der Arbeit beigetragen haben. Mein besonderer Dank
gilt Herrn Masch.-Tech. P. Willems für die Unterstützung bei
der Versuchsdurchführung und Frau Dipl.-Des. B. Schönle für die
unermüdliche Hilfe bei der Erstellung des Manuskripts.

Stuttgart 1983   Wolfgang Marx

0.2 <u>Formelzeichen und Einheiten der verwendeten Größen</u>　　Seite

A	$-$	Faktor der Geradengleichung	40
A_i	$-$	konstante Rechengrößen	95
A_M	mm^2	Verschleißfläche der Mulde	80
$\dot{A}_M$	mm^2/min	Verschleißgeschwindigkeit der Muldenfläche	85
$\ddot{A}_M$	mm^2/min^2	Verschleißbeschleunigung der Muldenfläche	85
A_R	mm^2	Verschleißfläche am Rundprofil	76
$\dot{A}_R$	mm^2/min	Verschleißgeschwindigkeit der Fläche A_R	79
$\ddot{A}_R$	mm^2/min^2	Verschleißbeschleunigung der Fläche A_R	79
A_s	mm^2	Strahlquerschnitt in Probenhöhe	21
A_{sr}	mm^2	örtlicher Strahlquerschnitt	29
a	mm	Teilstück eines Liniensegmentes	48
a	$-$	Faktor der quadratischen Gleichung	78
a	mm	Probenabstand zur Strahldüse	21
a_M	$-$	Maßstabfaktor	96
a_G	$-$	Gewichtungsfaktor des Gleistrahlverschleißanteils	96
a_P	$-$	Gewichtungsfaktor des Prallstrahlverschleißanteils	96
B	$-$	Faktor der Geradengleichung	40
b	mm	Teilstück eines Liniensegmentes	48
b	mm	Schlitzbreite	57
b	$-$	Faktor der quadratischen Gleichung	78
C	$-$	Faktor der Geradengleichung	40
c	$-$	Faktor der quadratischen Gleichung	78
c_p	$g/cm^2 s$	Partikelkonzentration	28
c_{pr}	$g/cm^2 s$	örtliche Partikelkonzentration	29
c_{pr}^+	$-$	bezogene örtliche Partikelkonzentration	29
d_D	mm	Durchmesser der Strahldüse	52
d_p	$\mu m,\ mm$	Partikeldurchmesser	20
d_R	mm	Durchmesser des Rundprofils	74
d_s	mm	Strahldurchmesser in Probenhöhe	60
F	$-$	Funktion allgemein	88
F_R	N	Reibungskraft	23
F_S	N	Stoßkraft	23
F_T	N	Tangentialkraft	23
f	$-$	Formfaktor eines Partikels	24

			Seite
s_M	mm	Muldentiefe	30
$\dot{s}_M$	mm/min	Verschleißgeschwindigkeit von s_M	85
$\ddot{s}_M$	mm/min^2	Verschleißbeschleunigung von s_M	85
$s_{W_{lr}}$	µm	Fehler von W_{lr}	88
Δs	mm	Mittelpunktsabstand zweier Partikeln	56
T	$^{\circ}$C	Temperatur	20
t	s, min	Versuchsdauer, Zeit	21
t_m	s, min	Zeitpunkt	39
t_{max}	s, min	Zeitpunkt des Rechenabbruchs	45
Δt	s, min	Zeitschritt	34
Δt_s	s, min	zeitlicher Schichtabstand	44
VAD	–	Verschleiß-Anstrahlwinkel-Diagramm	23
VAD-	–	VAD-Typ i	96
V_p	mm^3	Partikelvolumen	22
v_p	m/s	Partikelgeschwindigkeit	20
v_{pr}	m/s	örtliche Partikelgeschwindigkeit	27
v_{pr}^+	–	bezogene örtliche Partikelgeschwindigkeit	27
v_{min}	m/s	Mindestgeschwindigkeit der Partikeln	58
W	–	Verschleiß allgemein	23
W_G	–	Anteil des Gleißstrahlverschleißes allgemein	23
W_i	–	spezielle Verschleiß-Meßgröße	25
W_{ir}	–	örtliche spezielle Verschleiß-Meßgröße	27
W_l	mm	linearer Verschleiß	22
W_{lr}	mm	örtlicher linearer Verschleiß	34
$W_{l/t}$	mm/min	lineare Verschleißgeschwindigkeit	22
$W_{l/t,r}$	mm/min	örtliche lineare Verschleißgeschwindigkeit	36
$W_{l/t,max}$	mm/min	Verschleißmaximum im VAD	95
W_m	g	Massenverschleiß	21
$W_{m/t}$	g/min	massenmäßige Verschleißgeschwindigkeit	21
W_P	–	Anteil des Prallstrahlverschleißes allgemein	23
W_p	mg	Partikelverschleiß allgemein	20
W_v	mm^3	Volumenverschleiß	22
$W_{v/z}$	mm^3/kg	bezogener Volumenverschleiß	22

Seite

x	–	allgemeine Rechengröße	40
$\bar{x}_i$	–	mittlere allgemeine Rechengröße	88
$x_{m,n}$	–	n-te x-Koordinate der m-ten Oberfläche	39
y	–	allgemeine Rechengröße	40
$\dot{y}$	–	erste zeitliche Ableitung allgemein	79
$\ddot{y}$	–	zweite zeitliche Ableitung allgemein	79
$y_{m,n}$	–	n-te y-Koordinate der m-ten Oberfläche	39
α	$^\circ$	Plattenanstrahlwinkel	21
α_r	$^\circ$	örtlicher Anstrahlwinkel	30
α_{grenz}	$^\circ$	Grenzwinkel des reinen Prallstrahlverschleißes	23
α_{max}	$^\circ$	Winkel des Verschleißmaximums im VAD	69
μ	–	Reibungsfaktor	23
π	–	Kreiszahl	58
ρ_p	g/cm^3	Dichte des Partikelwerkstoffs	29
ρ_w	g/cm^3	Dichte des Probenwerkstoffs	22
φ	$^\circ$	Winkelversatz	58
$\Delta\varphi$	$^\circ$	Streuung des Winkelversatzes	59
ω_p	$1/s$	Winkelgeschwindigkeit der Partikeln	20

1 Einleitung

Strahlverschleiß entsteht an Bauteilen durch Loslösen kleiner
Teilchen aus der Oberfläche infolge des steten Beschusses mit
körnigen, meist abrasiven Feststoffpartikeln. Die Bewegung der
Partikeln wird entweder mechanisch oder durch einen bewegten
Gasstrom eingeleitet. Der verschleißbedingte Materialverlust
bewirkt eine Änderung der makrogeometrischen Gestalt des Bauteils, was schließlich zu seinem Versagen oder zum Stillstand
der gesamten Anlage führen kann.

Beim Transport körniger Güter in Aufbereitungsanlagen von Roh-
stoffen entsteht in Förderleitungen, besonders in Rohrkrümmern
großer wirtschaftlicher Schaden infolge von Strahlverschleiß
/1 bis 3/. Dabei prallt das Abrasiv in der Umlenkzone gegen die
Krümmungswand, bis sie infolge von lokaler Muldenbildung durch-
bricht und der Rohrkrümmer seine Funktion versagt. Durch die
schleißscharfe Wirkung mitgeführter Quarzpartikeln in Rauchgas
kommt es zu Rohrreißern an Heißdampfleitungen /4/. Das zunächst
runde Rohr flacht dabei an der Anströmseite dachförmig ab und
reißt wegen der Wandschwächung und der zu hohen Beanspruchung
schließlich auf. Das gleiche Verschleißbild zeigt sich an
rundstabförmigen Meßfühlern im Strömungskanal von Raketentrieb-
werken /5/.

Diesen Verschleißschäden gemeinsam ist, daß die direkten Repa-
raturkosten meist von untergeordneter Bedeutung gegenüber den
Kosten sind, die durch Stillstand und Produktionsausfall, besonders an Großanlagen, entstehen /6,7/.

Der Verlust durch Reibung und Verschleiß an Gütern der Wirt-
schaft wird allein in der Bundesrepublik Deutschland auf min-
destens 10 Mrd. DM geschätzt, wobei die Folgekosten durch verschleißbedingte Stillstandszeiten nicht berücksichtigt sind /8/.

1.1 Hinführung zum Thema

Über die Wirkung der verschiedenen Einflußgrößen auf den Strahlverschleiß wird seit langer Zeit eingehend in der Literatur berichtet /9 bis 13/. Experimentelle Untersuchungen wurden dabei vorwiegend im Hinblick auf metallkundliche Untersuchungen, Energiebetrachtungen, konstruktive Maßnahmen und bei Strahlversuchen an der ebenen Platte zur Werkstoffauswahl durchgeführt.

Die Methoden der Versagensvorhersage strahlverschleißbeanspruchter Bauteile sind nur wenig entwickelt. Sie basieren meistens auf Beobachtungen und empirischen Untersuchungen am realen Objekt oder, bei theoretischer Betrachtung, auf einer einfachen, linearen Extrapolationsrechnung, die die Gestaltänderung der Bauteiloberfläche nicht berücksichtigen kann.

Unter Berücksichtigung der Strahlgeometrie machten Maier /14/ und Glatzel /15/ Ansätze, um die bekannten Ergebnisse der Strahlversuche an der ebenen Platte auf beliebige Profile zu übertragen. Ihre Überlegungen gehen davon aus, daß die strahlverschleißbeanspruchten Oberflächenprofile durch kleine, ebene Flächenelemente ersetzt werden und der Strahlverschleiß an jedem Flächenelement mit dem Verschleiß an der ebenen Platte unter gleichen Anstrahlwinkeln und sonst gleichen Bedingungen übereinstimmt. Diese Untersuchungen beschränken sich auf kurze Strahlzeiten, ohne die sich laufend ändernden Anstrahlverhältnisse am Bauteil zu berücksichtigen.

Für eine quantitative Versagensvorhersage strahlverschleißbeanspruchter Bauteile reicht diese Vorgehensweise nicht aus. Allein durch Gestaltänderungen der Bauteiloberfläche kann der Verschleiß mit zunehmender Einsatzzeit unter bestimmten Bedingungen progressiv ansteigen oder degressiv abfallen /16/. Dieser zeitliche Verlauf wird durch das Beanspruchungskollektiv bestimmt und stellt eine Systemeigenschaft dar /17/.

Zur rechnerischen Ermittlung des tatsächlichen Verschleißver-
laufs bestimmter Geometrieelemente der beanspruchten Oberfläche sind weitere Untersuchungen notwendig.

1.2 Aufgabenstellung

Diese Arbeit hat das Ziel, eine Vorgehensweise zu dokumentie-
ren, mit der die zeitliche Veränderung einer strahlverschleißbeanspruchten Oberflächenkontur durch Verknüpfung bereits vor-
handener Erkenntnisse berechnet werden kann. Die Aufgabe be-
steht darin,

- die große Zahl der Einflußgrößen zu diskutieren und auf die
  wichtigsten zu reduzieren,

- die Bauteilkontur in der Hauptverschleißebene durch Liniensegmente zu beschreiben,

- einen Algorithmus zu entwickeln, mit dem eine schrittweise
  Berechnung der strahlverschleißbeanspruchten Bauteilkontur
  durchgeführt werden kann,

- die Einflüsse verschiedener Systemparameter aufzuzeigen,

- theoretische Ergebnisse mit den Ergebnissen experimenteller
  Versuche zu vergleichen und

- das Rechenverfahren in seiner Anwendung auf die Praxis abzu-
  grenzen und zu bewerten.

Wegen der Vielzahl möglicher Bauteilformen, die in den Anwen-
dungsfällen strahlverschleißbeansprucht sind, erscheint es sinn-
voll, die Untersuchung auf immer wiederkehrende Geometrieelemente
zu beschränken. So läßt sich im Prinzip jede Oberflächenkontur
in einer Ebene durch konkave und konvexe Kurvenelemente beschreiben, die bis zu einer geraden Linie gestreckt oder gestaucht
sein können. Die Untersuchung beinhaltet daher die Bildung von
Mulden an der ebenen Platte und den Verschleiß am Rundprofil.

Der Nutzen des Rechenverfahrens liegt darin, daß durch theoretische Rechnungen Erkenntnisse gewonnen werden, die sich durch das Experiment nur aufwendig gewinnen lassen. Solche Untersuchungen am beanspruchten Bauteil werden durch einfache Versuche an der ebenen Platte ersetzt. Aus den Ergebnissen läßt sich mit Hilfe des Rechenverfahrens das Verschleißverhalten am Bauteil extrapolieren. Eine Versagensabschätzung kann somit schon im Entwicklungsstadium durchgeführt werden.

2   Grundsätzliche Betrachtungen zum Strahlverschleiß

2.1 Verschleißmechanismus

Es lassen sich drei Strahlverschleißarten unterscheiden /18/.
Dabei wird die relative Eindringtiefe der Partikeln bei ein-
oder mehrmaligem Aufprall und der zu erwartende spezifische
Verschleiß betrachtet (Bild 2.1). Unterscheidungsmerkmal ist
der zum Stoffverlust führende Deformationsmechanismus, den der
weniger widerstandsfähige Stoßpartner erleidet.
Nach Meinung verschiedener Autoren /19 bis 21/ führen sowohl
elastische als auch plastische Deformationen, infolge von Er-
müdungsvorgängen nach entsprechender, mehrfacher Beanspruchung
durch Energieeinleitung in mikroskopische Stoffbereiche zu
Rißbildung und Stoffabtrag. Der Sonderfall des sofortigen Abtrags oder des Mikrospanens wird dabei eingeschlossen.

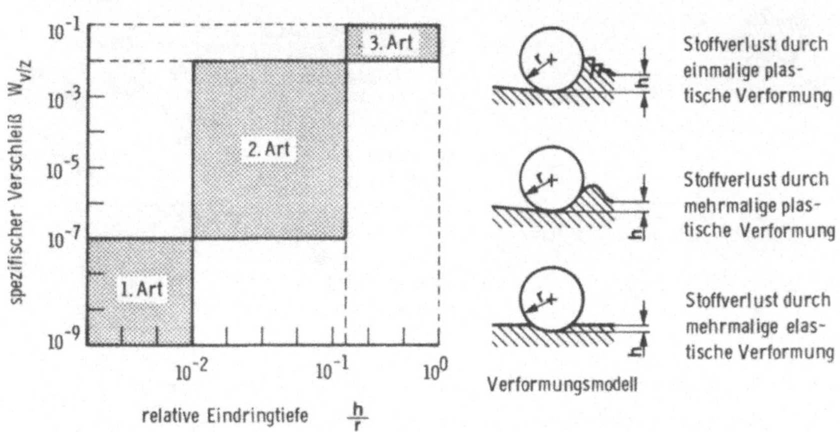

Bild 2.1:   Einteilung der Verschleißarten nach dem Verformungs-
            modell /18/.

Die schematische Darstellung der Vorgänge vor und nach dem Zusammenprall zwischen Wand und Partikel zeigt Bild 2.2. Die ki-

netische Energie vor dem Stoß ist durch den äquivalenten Partikeldurchmesser d_p, die Partikelgeschwindigkeit v_p, die Rotationsgeschwindigkeit ω_p sowie die Dichte ρ_p des Partikelstoffes festgelegt. Durch den Aufprall werden die Partikeln und die Wand deformiert. Dies führt zu einer Energieaufteilung. Wegen Zunahme der irreversiblen Dissipationsenergie durch die Werkstoffdeformation sowie der Ausbreitung von Rissen steigt die Wandtemperatur /22/. Die hohe Energiekonzentration kann ferner zur Emission von Exoelektronen, Schall oder Licht führen. Partikeln und Grundkörper verlieren dabei Volumenelemente. Nur die in den Werkstoffen gespeicherte reversible, elastische Deformationsenergie beschleunigt die Partikeln von der Wand weg. Die kinetische Energie der rückprallenden Partikeln ist deshalb kleiner als die vor dem Stoß. Der Rückprallwinkel stimmt meist nicht mit dem Aufprallwinkel überein.

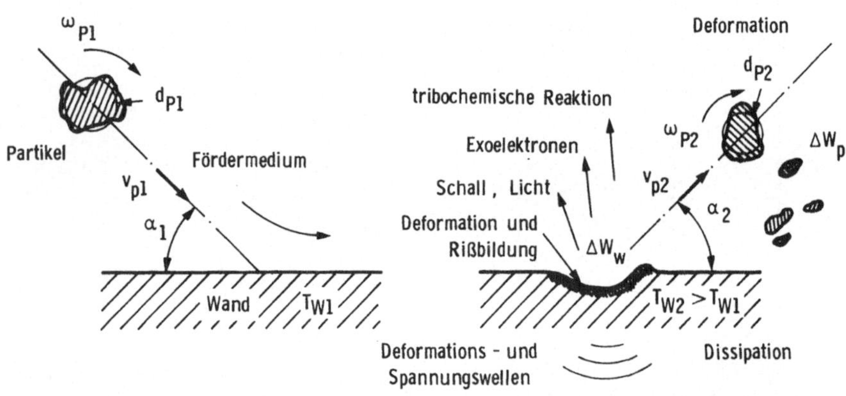

Bild 2.2:   Schematische Darstellung der Vorgänge vor und nach dem Zusammenprall mit der Wand und Partikel /15/.

Beim Strahlen einer Oberfläche mit einem Partikelstrom laufen grundsätzlich die gleichen Vorgänge wie beim Einzelkorn ab. Nach DIN 50 320 wird dieser Vorgang bei mehr gleitender Beanspruchung als Gleitstrahl- oder Erosionsverschleiß und bei definiertem Aufprallwinkel als Prallstrahl- oder Schrägstrahlverschleiß bezeichnet /23/.

2.2 Verschleiß-Meßgrößen

Strahlverschleißversuche an ebenen Platten werden auf speziellen Strahlanlagen durchgeführt. Die Strahlpartikeln werden entweder durch Druckluft /9/ oder mechanisch /10/ gegen die Probe geschleudert. Bei der Beschleunigung mit Druckluft wird ein Partikelstrahl unter verschiedenen Anstrahlwinkeln α gegen eine Probe gerichtet, die bei einfachen Strahlversuchen starr zur Strahldüse angeordnet ist (Bild 2.3). Zur Vermeidung der Muldenbildung werden die Strahlzeiten kurz gehalten oder die Probe wird nach der Empfehlung DIN 50 332 gedreht /24/.

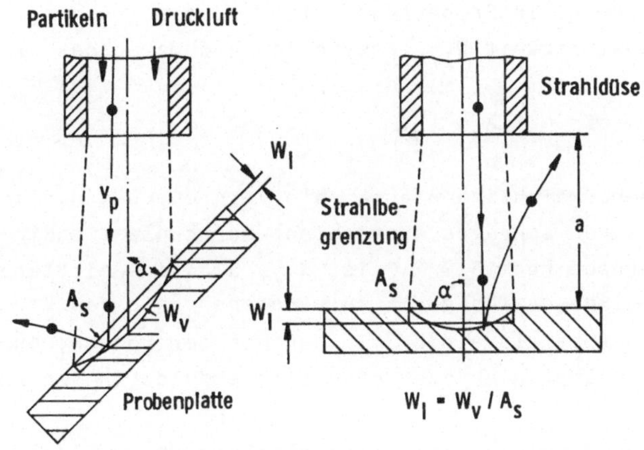

Bild 2.3: Verschleißuntersuchungen an der ebenen Platte für den Schräg- und Prallstrahlverschleiß.

Die Meßgrößen für den Strahlverschleiß sind nach DIN 50 321 festgelegt /17/. Als direkte Verschleiß-Meßgröße wird der Massenverschleiß W_m durch Auswiegen der Probe vor und nach dem Strahlversuch auf einer Analysenwaage ermittelt. Bezieht man den Massenverschleiß W_m auf die Strahlzeit t, so erhält man die massenmäßige Verschleißgeschwindigkeit $W_{m/t}$:

$$W_{m/t} = W_m / t. \tag{2.1}$$

Als bezogene Verschleiß-Meßgrößen werden diejenigen bezeichnet, die sich aus der massenmäßigen Verschleißgeschwindigkeit $W_{m/t}$ berechnen lassen. Bezieht man auf diese Größe das spezifische Gewicht ρ_w der Probe sowie den Massenstrom $\dot{m}_p$ der Partikeln, so erhält man den bezogenen Volumenverschleiß $W_{v/z}$:

$$W_{v/z} = W_{m/t} \; / \; \dot{m}_p \cdot \rho_w, \tag{2.2}$$

der einen besseren Vergleich verschiedener Werkstoffe unabhängig von der aufgetroffenen Partikelmenge zuläßt. Ebenso kann die Wachstumsgeschwindigkeit der Muldentiefe s_p berechnet werden. Sie ist abhängig vom Anstrahlwinkel α und von der Strahlquerschnittsfläche A_s in Probenhöhe. Sie wird als lineare Verschleißgeschwindigkeit $W_{1/t}$ bezeichnet und berechnet sich zu

$$W_{1/t} = W_{m/t} \cdot \sin \alpha \; / \; A_s \cdot \rho_w. \tag{2.3}$$

Der Sinus berücksichtigt hierbei die Vergrößerung der gestrahlten Fläche durch schräges Anstrahlen. Durch diese indirekte Berechnungsmethode nach Gl. 2.3 ist $W_{1/t}$ als eine mittlere lineare Verschleißgeschwindigkeit zu verstehen, die das Verschleißvolumen der Probe als einen Zylinder mit der Höhe W_1 beschreibt. Tatsächlich bildet sich aber eine flache Mulde in der Probe aus.

Häufig werden dimensionslose Verschleißgrößen gebildet. So wird der Massenverlust W_m auf die aufprallende Partikelmasse m_p bezogen, der Volumenverschleiß W_v auf das Volumen der Partikeln V_p bezogen /25/ oder es wird die lineare Verschleißgeschwindigkeit $W_{1/t}$ auf die Partikelgeschwindigkeit v_p bezogen /26/.

2.3 Einflußgrößen auf den Strahlverschleiß

Die Zahl der bekannten Einflußgrößen auf den Strahlverschleiß wird auf rd. 70 beziffert und nach kinematisch- und formbedingten Einflußgrößen beider Stoßpartner sowie nach Werkstoffeigenschaften geordnet /15/. Im folgenden werden die zum Verständnis der Arbeit notwendigen Einflußgrößen erläutert.

2.3.1 <u>Anstrahlwinkel</u>

Der Strahlverschleiß ist eine charakteristische Funktion des Anstrahlwinkels α. Je nach den Werkstoffen der Stoßpartner ergeben
sich charakteristische Formen der Abhängigkeit (Bild 2.4), die
in zahlreichen Arbeiten beschrieben wurden /2 bis 5 und 9 bis
16/. Eine Erklärung dafür gibt eine von Wellinger und Uetz entwickelte Modellvorstellung /12/. Danach setzt sich der Strahlverschleiß additiv aus zwei Teilen zusammen:

$$W = W_G + W_P \tag{2.4}$$

W_G wird als Gleitstrahlverschleiß und W_P als Prallstrahl- oder
Deformationsverschleiß bezeichnet. Die Stoßkraftkomponente F_S
des Gleitstrahlanteils nimmt für Winkel $\alpha > 0^\circ$ stetig zu, während die Tangentialkraftkomponente F_T stetig abnimmt. Der reine
Prallstrahlverschleiß beginnt ab einem Grenzwinkel $\alpha_{grenz} < 90^\circ$,
dessen Cotangens mit dem Reibungsfaktor μ beider Stoßpartner
übereinstimmt.

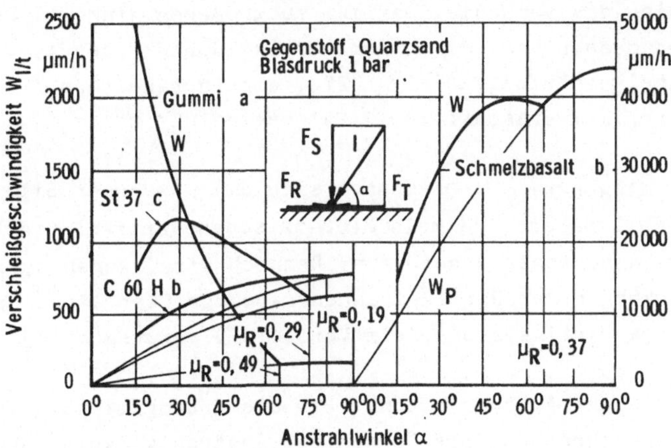

Bild 2.4: Strahlverschleißverhalten kennzeichnender Werkstoffe
in Abhängigkeit des Anstrahlwinkels (VAD). Zerlegung
des Stoßimpulses I in eine Stoß- und Gleitkompo-
nente /2/.

Beide Arten des Verschleißes treten in der Praxis gleichzeitig
auf; ihre Komponenten wirken sich jedoch bei verschiedenen
Werkstoffen recht unterschiedlich aus /2,12/.
Kurve a (Bild 2.4) charakterisiert das Verschleißverhalten gum-
mielastischer Werkstoffe. Sie sind empfindlich bei mehr furchen-
der Beanspruchung. Im Bereich kleiner Winkel überwiegt der
Gleitstrahlanteil. Wegen der hohen Elastizität infolge des,
durch den Aufbau (Fadenmoleküle) gegebenen niedrigen Elastizi-
tätsmoduls und des dadurch weitgehend im elastischen Bereich
verlaufenden Prozesses, bzw. infolge der dadurch bedingten geringen Energieaufnahme -große Stoßzeit und kleine Kraftspitzen-
ist der Prallstrahlanteil zu größeren Winkeln hin sehr klein.

Ein anderer Versagensmechanismus liegt bei den Kurven b vor,
die das Verschleißverhalten harter und spröder Werkstoffe, wie
Schmelzbasalt und gehärteter Stahl, charakterisieren. Wegen
kleiner Stoßzeiten und hoher Kraftspitzen beim Aufprall der Partikeln überwiegt der Prallstrahlanteil. Im allgemeinen sind diese Werkstoffe widerstandsfähiger bei schürfender Beanspruchung.
Kurve c steht für zähe Werkstoffe, wie Al, Cu und St 37. Das
Verschleißmaximum wird bei Anstrahlwinkeln zwischen $\alpha = 15^{\circ}$
und 30° erreicht. Bei härteren und spröderen Werkstoffen ver-
schiebt sich das Verschleißmaximum zu größeren Winkeln. Des weiteren kann dessen Lage durch den Partikeldurchmesser d_p /19/,
die Partikelgeschwindigkeit v_p /27/, die Partikelform f /10,28/
und den Partikelwerkstoff /9,11,29/ beeinflußt werden.

Beim Aufprallwinkel $\alpha = 0^{\circ}$ müssen sich die Kurven in Bild 2.4
dem Wert Null nähern, da kein Stoß zwischen Partikel und Werk-
stoffoberfläche stattfinden kann. Dennoch wird, wegen turbulen-
ter Schwankungen der Partikelbahnen nahe der Oberfläche durch
gegenseitige Partikelstöße, ein Verschleiß verursacht /30/.

Für verschiedene Autoren ist Gl. 2.4 die Grundgleichung zur analytischen Beschreibung des Verschleiß-Anstrahlwinkel-Diagramms
(VAD). Finnie /31/ leitete, ausgehend von der kinetischen Energie der Partikeln, zwei halbempirische Gleichungen her, die für
die Winkelbereiche $\alpha < 18^{\circ}$ und $\alpha \geq 18^{\circ}$ gelten. Bitter /32/ bau-
te auf dieser Erkenntnis auf, die jedoch zusätzlich die Werk-

stoff- und Partikeleigenschaften berücksichtigt. Bei Untersuchungen an Blasversatzrohren entwickelte Maier /14/ eine empi-
rische Gleichung für den Gleitstrahlanteil für Winkel $\alpha < 30^{\circ}$,
die zudem die Energieverteilung im Partikelstrahl beinhaltet.
Erst Beckmann und Gotzmann /33 bis 35/ gelang die Herleitung
einer analytischen Funktion des VAD's. Die Gleichung enthält
eine Reihe von Systemkenngrößen, wie die Partikeldichte ρ_p, die
Partikelgeschwindigkeit v_p, die Scherspannung τ_o und die Härte HB des Grundwerkstoffes sowie die Scherungsenergiedichte e_s^+,
welche die notwendige Energie zur Trennung einer Volumeneinheit
beinhaltet.

Erschwerend für alle Rechenansätze ist die Ermittlung der Glei-
chungsparameter, die teilweise erst durch Versuche ermittelt
werden müssen oder nur für bestimmte Versuchsbedingungen gelten.

2.3.2 Partikelgeschwindigkeit

Die Abhängigkeit des Verschleißes von der Partikelgeschwindigkeit läßt sich mit einigen Einschränkungen auf folgende einfache
Potenzfunktion zurückführen, die in zahlreichen Arbeiten /10
bis 13, 15, 36 bis 41/ festgestellt wurde:

$$W_i(\alpha) = k_i(\alpha) \cdot v_p^{n_i(\alpha)} \tag{2.5}$$

Die Faktoren k_i und n_i sind, wie der Index zeigen soll, von der
gewählten Verschleiß-Meßgröße W_i abhängig. Dabei erfaßt der
winkelabhängige Proportionalitätsfaktor $k_i(\alpha)$ alle Einflußgrös-
sen außer der Partikelgeschwindigkeit v_p. Der Exponent $n_i(\alpha)$ ist
im allgemeinen im Geschwindigkeitsbereich $v_p < 120$ m/s bei einem
bestimmten Anstrahlwinkel α konstant /10/.

Bild 2.5 a zeigt die Abhängigkeit des Verschleißes $W_{v/z}$ von der
Partikelgeschwindigkeit v_p im doppeltlogarithmischen Maßstab.
Die Steigung der Kurve entspricht dem Geschwindigkeitsexponenten n_v. Bei Partikelgeschwindigkeiten $v_p > 120$ m/s können Ver-
änderungen des Exponenten auftreten /10/, vermutlich wegen einer
zunehmenden Plastifizierung der Stoßpartner und der dadurch bedingten Temperaturerhöhung der Kontaktstelle. Die Steigungen

der Geraden sind vom jeweiligen Anstrahlwinkel abhängig und lassen sich im Exponenten-Anstrahlwinkel-Diagramm (EAD) darstellen
(Bild 2.5 b).

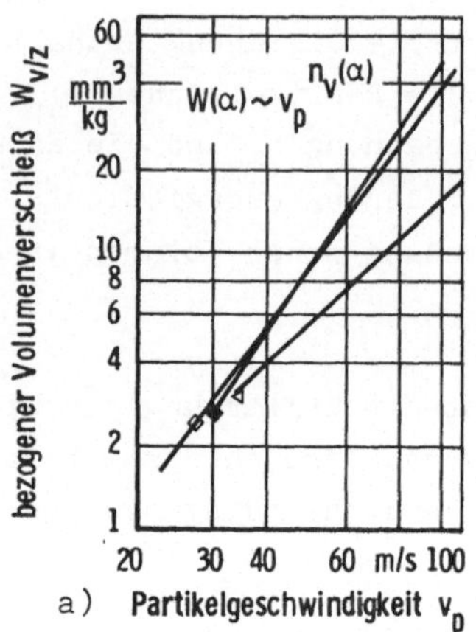

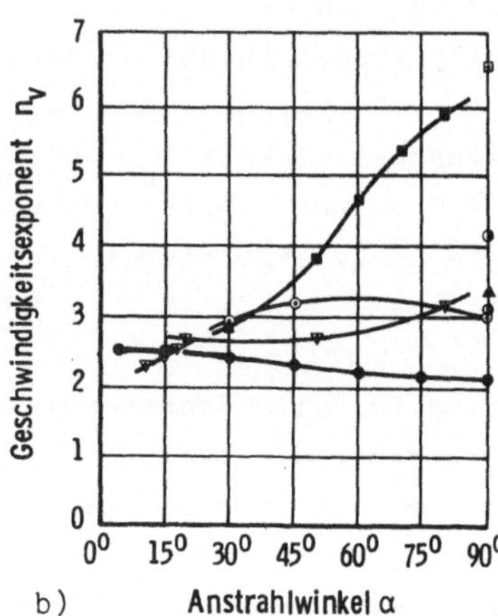

Bild 2.5:   a) Abhängigkeit des spezifischen Verschleißes beim
               Prallstrahlversuch ($\alpha = 90^{\circ}$). $\diamond$ Gotzmann /33/,
               $\blacklozenge$ Kleis /10/, $\triangleleft$ Wellinger und Uetz /12/.

            b) Abhängigkeit des Geschwindigkeitsexponenten n_v vom
               Anstrahlwinkel (EAD). O Glatzel /15/ - Plexiglas/
               Stahlschrot, $\bullet$ Ebner /43/ nach Gotzmanns Ver-
               schleißgleichung /33/ - Stahl/Stahlschrot, $\square$ Fin-
               nie /31/ - Glas/Stahlschrot, $\triangle$ Rickerby und Mac-
               millan /36/ - Aluminium/Stahlschrot, $\oplus$ Gulden /37/
               - Si_3N_4/SiC, ∇ Finnie und Macfadden /39/ - Stahl/
               Stahl, $\blacksquare$ Bode und Schaetz /27/ - C 45/Stahlschrot,
               auf der Basis von $W_{m/t}$ ermittelt.

Experimentell ermittelte Werte des Exponenten auf der Basis des
bezogenen Volumenverschleißes $W_{v/z}$ (Gl. 2.2) reichen von $n_v =$
1,75 für Stahl /40/ bis n_v = 6,5 für Glas /31/. Die Werte ver-
dichten sich jedoch bei n_v = 2,0 bis 2,2 für duktile und bei
n_v = 2,2 bis 3,0 für harte metallische Werkstoffe.

Eine Winkelabhängigkeit vom Exponenten wiesen Glatzel /15/ und
Muravkin /42/ nach. Das Exponentenmaximum wird in ihren Versuchen
bei 60° erreicht. Bei Gotzmanns theoretischem Verschleißansatz
/34,35/ berechnen sich die Exponenten derart, daß sie von kleineren Winkeln zu größeren Winkeln hin abfallen /43/. Die mei-
sten Autoren gehen jedoch davon aus, daß n_i über den gesamten
Winkelbereich konstant ist. Werden Berechnungen am Bauteil
durchgeführt, so muß die experimentelle Ermittlung von n_i in Abhängigkeit von α mit großer Genauigkeit, wegen der exponentiel-
len Stellung in Gl. 2.5, vorgenommen werden. Gleiches gilt für
die Partikelgeschwindigkeit v_p.

Für die Verschleißberechnung an Bauteilen interessiert die Verteilung der Partikelgeschwindigkeit im Strahlbereich, die nach
Gl. 2.5 örtlich unterschiedliche Verschleißbeträge verursacht.
Das Geschwindigkeitsprofil läßt sich durch den Bezug der örtlichen Partikelgeschwindigkeit v_{pr} auf die im Strahlquerschnitt
gemittelte Partikelgeschwindigkeit v_p mit

$$v_{pr}^{+} = v_{pr} \, / \, v_p \tag{2.6}$$

beschreiben, wobei v_{pr}^{+} die bezogene örtliche Partikelgeschwindigkeit darstellt /15/.
Zur Berechnung der örtlichen Verschleißbeträge W_{ir} kann mit
Hilfe von Gl. 2.5 und 2.6 folgende vereinfachte Formel verwendet werden:

$$W_{ir} = (v_{pr}^{+})^{n_i} \cdot W_i . \tag{2.7}$$

Sie ermöglicht die Verschleißrechnung unter gleichen Bedingungen mit bekannten Daten der Geschwindigkeitsverteilung /44/.

2.3.3 Partikelkonzentration

Die Konzentration des Feststoffes im Fördermedium läßt sich
durch verschiedene Größen kennzeichnen /1/. Nach der Definition
von Kleis /45,46/ ist die Partikelkonzentration c_p das Verhältnis des Massendurchsatzes $\dot{m}_p$ zum Strahlquerschnitt A_s in Proben-

höhe:

$$c_p = \dot{m}_p \; / \; A_s \tag{2.8}$$

Die Strahlquerschnittsfläche A_s ist durch den Strahldurchmesser d_s festgelegt. Die Partikelmasse, die pro Zeit- und Flächeneinheit auf die Oberfläche trifft, beeinflußt den Strahlverschleiß auf zweierlei Arten (Bild 2.6). Bei einer Erhöhung der Partikelkonzentration steigt der Verschleiß zunächst bis auf ein Maximum linear an und fällt dann wieder ab /45/. Im Bereich des linearen Verschleißanstiegs ist keine gegenseitige Beeinflussung der Partikeln vorhanden oder sie ist gering /46 bis 49/. Jedes Partikel erreicht bei gleicher Geschwindigkeit die Oberfläche des Bauteils und prallt zurück, ohne neuankommende Partikeln zu beeinflussen. In diesem Fall kann der Verschleiß W als proportional zur Kontaktierungszahl n_p der Partikeln betrachtet werden /21/ und ist somit proportional zur aufgetroffenen Partikelmenge m_p. Nach dem Bereich des Kurvenmaximums beeinflussen sich die Partikeln durch Reflexion zunehmend stärker. Neuankommende Partikeln werden durch Zusammenstöße mit reflektierenden

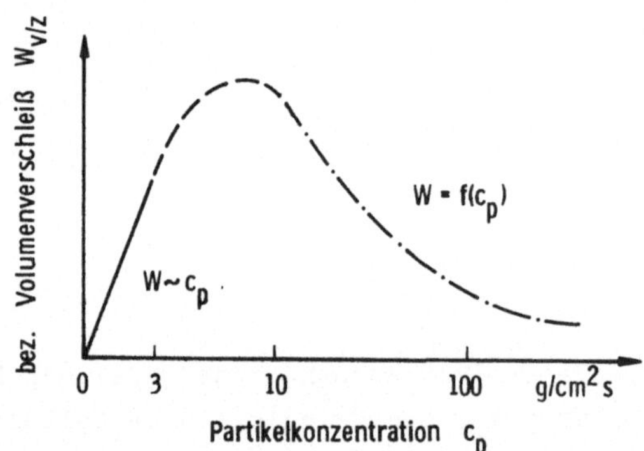

Bild 2.6: Schematische Darstellung des bezogenen Volumenverschleißes in Abhängigkeit von der Partikelkonzentration.

———————Annahme verschiedener Autoren,

— — — —Goodwin, Sage, Tilly /49/, —·——·-Kleis /44,45/.

Partikeln in ihrer Geschwindigkeit abgebremst und erreichen mit
geringerer kinetischer Energie die Oberfläche. In diesem Bereich
fällt der Verschleiß ab. Dieser Minderungseffekt steigt mit Zunahme des Anstrahlwinkels ebenfalls an /10,13/.

Mills und Mason /50/ zeigten, daß sich mit zunehmender Partikelkonzentration, durch höheren Massendurchsatz, die Lebensdauer
von Rohrkrümmern, bei gleicher Fördergeschwindigkeit, erhöht.
Entlang der Krümmerwand bewegt sich dabei eine Partikelsträhne,
die den aggressiven Schräg- und Prallstrahlverschleiß auf einen
Gleitstrahlverschleiß reduziert.
Für die spätere Verschleißberechnung am Bauteil im Strahlbereich,
der durch eine unterschiedliche Partikelkonzentrations- und -ge-
schwindigkeitsverteilung gekennzeichnet ist, wird die Definition
der Partikelkonzentration im Strahlbereich nach Brauer /15/ verwendet. Sie stellt einen rechnerischen Zusammenhang zwischen der
Partikelkonzentration c_p und der Partikelgeschwindigkeit v_p her.
Danach ist

$$c_p = \dot{m}_p \ / \ \rho_p \cdot v_p \cdot A_s \ . \tag{2.9}$$

Der Strahlquerschnitt A_s ist durch den Strahldurchmesser d_s
festgelegt. Bei gleicher Partikelgeschwindigkeit v_p ist die örtliche Partikelkonzentration c_{pr} wie folgt definiert:

$$c_{pr} \equiv \dot{m}_{pr} \ / \ \rho_p \cdot v_p \cdot A_{sr} \ . \tag{2.10}$$

Darin bezeichnet $\dot{m}_{pr}$ den örtlichen Massenstrom der Partikeln.
Zur Beschreibung des Konzentrationsprofils über dem Strahlquerschnitt wird die bezogene örtliche Partikelkonzentration

$$c_{pr}^+ = c_{pr} \ / \ c_p \tag{2.11}$$

eingeführt. Dabei ist c_p als eine mittlere Partikelkonzentration
zu verstehen.

Gl. 2.9 gilt in dieser Form nur für kleine Partikelkonzentratio-
nen, bei der der lineare Zusammenhang zum Verschleiß gegeben
ist (s. Bild 2.6).

2.3.4 Oberflächengeometrie

Beim Strahlverschleiß einer gekrümmten Oberfläche kann kein eindeutiger Anstrahlwinkel α angegeben werden. So sind beim Verschleiß an äußeren Rohrprofilen zunächst alle Winkel von $\alpha_r =$ 0° bis 90° vorhanden. Im Laufe der Zeit flacht die Anströmseite dachförmig ab und es treten, zu verschiedenen Zeiten betrachtet, unterschiedliche Anstrahlwinkelkollektive auf /4,5,42,51,52/.

Beim Strahlversuch an der ebenen Platte stimmt der Plattenanstrahlwinkel α mit dem örtlichen Anstrahlwinkel α_r der Partikeln nur für kurze Zeit überein. Mit zunehmender Muldenbildung wird das Band der möglichen Aufprallwinkel immer größer. Im Extremfall sind alle Winkel von $\alpha_r = 0^o$ bis 90° vorhanden. Mit zunehmender Muldenbildung an der ebenen Platte stellten Brauer und Kriegel /13,53/ ein Abfallen der Verschleißgeschwindigkeit fest. Sie teilten den Verschleißvorgang bei der idealen Muldenform in drei Abschnitte ein (Bild 2.7).

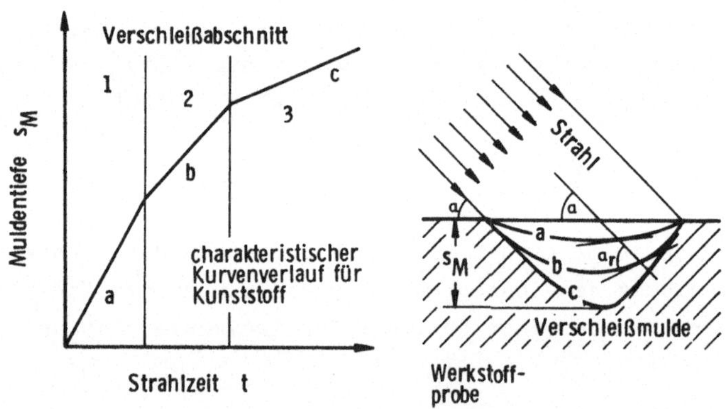

Bild 2.7: Schematische Darstellung der Muldenbildung in drei Verschleißabschnitten und der Verlauf der Muldentiefe in Abhängigkeit von der Zeit /13,53/.

Im ersten Verschleißabschnitt stimmt der Anstrahlwinkel α mit den Auftreffwinkeln α_r der Partikeln weitgehend überein. Die Verschleißgeschwindigkeit ist konstant. Im zweiten Verschleißabschnitt sind beide Winkel wegen der Ausbildung der Mulde verschieden. Die Verschleißgeschwindigkeit hängt von der zeitlichen Veränderung der Auftreffwinkel α_r ab. Im dritten Verschleißabschnitt ist der Aufprallwinkel $\alpha_r = 90^\circ$. Da sich der Winkel nicht mehr ändert, ist die Verschleißgeschwindigkeit konstant.

Umfangreiche, mehr theoretische Verschleißuntersuchungen an Rohrkrümmern wurden von Brauer, Glatzel und Kriegel durchgeführt /13,15,54/. Glatzel /15/ unterteilte die Krümmerkontur in kleine Liniensegmente, denen jeweils ein definierter örtlicher Anstrahlwinkel α_r zuordenbar ist und traf die Annahme, daß der Strahlverschleiß an jedem Liniensegment mit dem Verschleiß an der ebenen Platte unter gleichen Anstrahlwinkeln übereinstimmt. Unter Berücksichtigung der örtlichen Partikelgeschwindigkeit v_p und -konzentration c_p wurde die Standzeit und der Ort des maximalen Verschleißes ermittelt und als Bruchstelle bezeichnet. Der Einfluß der Veränderung der Wandgeometrie bis zum Standzeitende wurde nicht berücksichtigt und somit die Verschleißgeschwindigkeit als konstant angenommen.

Eine analytische Beschreibung der Profiländerung durch Strahlverschleiß wurde von Carter, Nobes und Arshak /55/ durchgeführt. Unter Einbezug des VAD's und der Strahlcharakteristik wurde der Profilverschleiß an mathematisch einfach zu beschreibenden Konturen berechnet, die sich auch nach einer bestimmten Verschleißdauer noch analytisch beschreiben lassen.

2.3.5 Werkstoffeigenschaften

Durch die meist unterschiedliche Härte beider Stoßpartner läßt sich allgemein der Verschleiß in eine Tief- und Hochlage unterscheiden /2,12/. In der Tieflage des Verschleißes ist die Härte der Partikeln kleiner als die des Grundkörpers. In der Hochlage ist es umgekehrt. Der Übergang von der Tieflage zur Hochlage kann in einem kleinen oder großen Härteintervall erfolgen. Das

Verschleißverhältnis zwischen Tief- und Hochlage kann Größen-
ordnungen betragen /44/. So kann der Verschleiß am Grundkörper
schon durch geringe Härteunterschiede im Übergangsbereich erheblich herauf- oder herabgesetzt werden. Die Verschleißkurven in
Abhängigkeit vom Anstrahlwinkel haben in der Tief- und Hochlage
im Prinzip denselben Verlauf /2.56/.

Die Verschleißbeständigkeit von Kohlenstoffstählen kann durch
geeignete Legierungsbestandteile und richtige Wärmebehandlung
erheblich gesteigert werden /56/. Dadurch werden Härte, Zähig-
keit, Karbidbildung und Gefügestruktur beeinflußt /58/. Bei Ver-
schleißvorgängen in aggressiven Feuchtigkeiten /59/ oder bei
Strahlverschleißvorgängen in heißen Gasen /5/ kann sich die Verschleißbeständigkeit in größerem Umfang vermindern, wobei korro-
sive Prozesse überlagert werden /60/. Mit steigender Temperatur
des beanspruchten Bauteils ändern sich die Festigkeitseigen-
schaften sowie seine Verschleißbeständigkeit /46,61/. Bei Stäh-
len zeigt sich bis 300°C ein leichter Abfall des Verschleißes,
jedoch ab 400°C ein steiler Anstieg /62/.

An gestrahlten Oberflächen kommt es unter bestimmten Bedingungen, besonders bei duktilen Werkstoffen, die mit rundem Korn
bestrahlt wurden, zur Riffelbildung. Sie bilden sich immer
senkrecht zur Strahlrichtung aus. Verursacht werden sie durch
tangentiale Schubspannungen und plastische Deformationen in den
oberflächennahen Schichten /20,25,27,63,79/.
Der Einfluß auf die Veränderung der makrogeometrischen Gestalt
der Bauteiloberfläche kann jedoch, trotz der lokalen Änderung
des Auftreffwinkels der Partikeln an einer Riffelwelle als se-
kundär betrachtet werden.

3 Verfahren zur Berechnung der zeitlichen Gestaltänderung strahlverschleißbeanspruchter Bauteile

Die Grundlage des Rechenverfahrens basiert auf der Arbeit von Glatzel /15/. Die vom Partikelstrahl getroffene Oberfläche denke man sich aus einer Vielzahl ebener Platten zusammengesetzt. Dadurch läßt sich jedem Profilsegment ein bestimmter örtlicher Anstrahlwinkel α_r zuordnen. Es wird angenommen, daß der Verschleiß eines jeden Flächenelementes mit dem Verschleiß an der ebnen Platte unter gleichen Winkeln $\alpha = \alpha_r$ übereinstimmt. Diese Abhängigkeit wird durch das VAD wiedergegeben. Unterschiede der Partikelkonzentration und -geschwindigkeit im Strahlbereich am realen Bauteil, die den Verschleiß örtlich herauf- oder herabsetzen können, werden durch Verknüpfung bekannter Zusammenhänge der Strahlkenngrößen berücksichtigt.

Das Verfahren beruht darauf, daß, ausgehend von der jeweils letzten Profilform, die neue Profilform für einen kleinen Zeitschritt berechnet werden kann, indem der Verschleiß schrittweise für jedes Profilsegment einzeln errechnet wird. Durch diese Berechnung zwischenzeitlicher Profilformen kann der zeitliche Verlauf der Gestaltänderung am Bauteil simuliert werden. Wegen der Vielzahl der Einzelrechnungen ist diese Vorgehensweise nur mit Hilfe eines Rechners zu bewältigen.

Zur mathematischen Auswertung des Verfahrens werden folgende Vereinfachungen und Voraussetzungen getroffen:

- Die Bahnen der Partikeln verlaufen bis zum Aufprall parallel und geradlinig.
- Die gegenseitige Beeinflussung der Partikeln durch Reflexion am Bauteil sowie der Verschleiß durch reflektierende Partikeln ist gering und bleibt daher unberücksichtigt.
- Der Strahlverschleiß bleibt im Betrachtungszeitraum entsprechend dem VAD konstant.

Im folgenden werden für das Rechenverfahren die funktionellen Zusammenhänge der Einflußgrößen zur zeitabhängigen Verschleißberechnung hergeleitet.

3.1 Rechengrundlagen

In vielen Fällen genügt es, die Betrachtungsebene des Verschleißvorganges in die 2-dimensionale Hauptverschleißebene zu legen,
bei der der Verschleiß sein Maximum erreicht. Die Kontur des
Bauteils läßt sich so als ein Linienzug kleiner, gerader Linien-
elemente darstellen, an denen jeweils einzeln die Verschleißberechnung durchgeführt wird. Die Einflußgrößen auf den örtlichen Verschleiß W_{lr} am Liniensegment lassen sich durch folgende
Funktionalgleichung darstellen:

$$W_{lr} = f\left(L_m;\ \alpha_r;\ W_{1/t}(\alpha);\ n_v(\alpha);\ v_{pr}^+(x);\ c_{pr}^+(x);\ \Delta t\right). \qquad (3.1)$$

Darin bedeutet L_m die m-te Bauteilkontur und α_r den örtlichen
Anstrahlwinkel an einem kleinen Liniensegment.
Die Funktionen $W_{1/t}(\alpha)$ und $n_v(\alpha)$ beschreiben die Abhängigkeit
der linearen Verschleißgeschwindigkeit $W_{1/t}$ und des Geschwindigkeitsexponenten n_v vom Anstrahlwinkel α. Sie werden in Strahlversuchen an der ebenen Platte ermittelt und liegen als VAD
(s. Abs. 2.3.1) bzw. EAD (s. Abs. 2.3.2) vor. Aus zwei benachbarten Versuchswerten wird der dazwischenliegende Wert durch
lineare Interpolation ermittelt, so daß mit

$$W_{1/t}(\alpha) = \frac{W_{1/t}(\alpha_{i+1}) - W_{1/t}(\alpha_i)}{\alpha_{i+1} - \alpha_i} \cdot (\alpha_r - \alpha_i) + W_{1/t}(\alpha_i) \qquad (3.2)$$

die lineare Verschleißgeschwindigkeit und mit

$$n_v(\alpha_r) = \frac{n_v(\alpha_{i+1}) - n_v(\alpha_i)}{\alpha_{i+1} - \alpha_i} \cdot (\alpha_r - \alpha_i) + n_v(\alpha_i) \qquad (3.3)$$

der Geschwindigkeitsexponent für den örtlichen Anstrahlwinkel α_r
vorliegt.

Die bezogenen örtlichen Strahlkenngrößen v_{pr}^+ und c_{pr}^+ (s. Abs.
2.3.2 und 2.3.4) werden durch Versuche im Strahlbereich der Bauteilkontur ermittelt und liegen als Geschwindigkeits- und Kon-

zentrationsprofil über dem Strahlquerschnitt x vor. Werte zwischen zwei Meßpunkten werden analog zu Gl. 3.2 und 3.3 durch lineare Interpolation ermittelt.

$$v_{pr}^{+}(x_{m,n}) = \frac{v_{pr}^{+}(x_{i+1}) - v_{pr}^{+}(x_i)}{x_{i+1} - x_i} \cdot (x_{m,n}-x_i) + v_{pr}^{+}(x_i) \qquad (3.4)$$

$$c_{pr}^{+}(x_{m,n}) = \frac{c_{pr}^{+}(x_{i+1}) - c_{pr}^{+}(x_i)}{x_{i+1} - x_i} \cdot (x_{m,n}-x_i) + c_{pr}^{+}(x_i) \qquad (3.5)$$

Darin bedeutet $x_{m,n}$ die x-Koordinate eines Profilsegmentes. Die Indizes sind Zählgrößen (s. Abs. 3.1.3).
Mit Δt in Gl. 3.1 wird der Zeitschritt von einer berechneten Oberflächenschicht zur anderen bezeichnet.

3.1.1 Örtlicher linearer Verschleiß

Die örtliche lineare Verschleißgeschwindigkeit $W_{l/t,r}$ berechnet sich aus der linearen Verschleißgeschwindigkeit $W_{l/t}$ durch Korrektur mit den Strahlkenndaten der örtlichen Partikelkonzentration c_{pr} und der örtlichen Partikelgeschwindigkeit v_{pr}. Die funktionellen Zusammenhänge sind bekannt und berechnen sich wie folgt:
Stellt man Gl. 2.2 nach $W_{m/t}$ um und setzt sie in Gl. 2.3 ein, so berechnet sich die lineare Verschleißgeschwindigkeit $W_{l/t}$ zu

$$W_{l/t}(\alpha) = \frac{W_{v/z}(\alpha) \cdot \dot{m}_p \cdot \sin \alpha}{A_s} \qquad (3.6)$$

und ist damit abhängig von der Partikelstromdichte $\dot{m}_p$. Setzt man für den bezogenen Volumenverschleiß $W_{v/z}$ die Gl. 2.5 auf der Basis des bezogenen Volumenverschleißes ein, so wird

$$W_{l/t}(\alpha) = \frac{k_v(\alpha) \cdot v_p^{n_v(\alpha)} \cdot \dot{m}_p \cdot \sin \alpha}{A_s} \qquad (3.7)$$

Löst man Gl. 2.9 nach $\dot{m}_p$ auf und setzt sie in Gl. 3.7, so ist die lineare Verschleißgeschwindigkeit $W_{1/t}(\alpha)$ abhängig von der Partikelkonzentration c_p und der Partikelgeschwindigkeit v_p und berechnet sich zu

$$W_{1/t}(\alpha) = c_p \cdot v_p^{\,n_v(\alpha)+1} \cdot \rho_p \cdot k_v(\alpha) \cdot \sin \alpha \ . \tag{3.8}$$

Der Exponent $n_v(\alpha)$ hat sich dabei um den Wert 1 erhöht. Die örtliche lineare Verschleißgeschwindigkeit $W_{1/t,r}(\alpha)$ ist jedoch von den örtlichen Strahlkenngrößen c_{pr} und v_{pr} abhängig, so daß Gl. 3.8 wie folgt lauten muß:

$$W_{1/t,r}(\alpha_r) = c_{pr} \cdot v_{pr}^{\,n_v(\alpha_r)} \cdot \rho_p \cdot k_v(\alpha_r) \cdot \sin \alpha_r \ . \tag{3.9}$$

Stellt man die Gl. 2.6 nach v_{pr} und Gl. 2.11 nach c_{pr} um und setzt sie in Gl. 3.9 ein, so gilt:

$$W_{1/t,r}(\alpha_r) = c_{pr}^{+} \cdot c_p \cdot (v_{pr}^{+} \cdot v_p)^{\,n_v(\alpha_r)+1} \cdot \rho_p \cdot k_v(\alpha_r) \cdot \sin \alpha_r \ , \tag{3.10}$$

bzw.

$$W_{1/t,r}(\alpha_r) = c_{pr}^{+} \cdot v_{pr}^{+\,n_v(\alpha_r)+1} \cdot k_v(\alpha_r) \cdot v_p^{\,n_v(\alpha_r)} \cdot c_p \cdot \rho_p \cdot v_p \cdot \sin \alpha_r \ . \tag{3.11}$$

Mit Gl. 2.5 und Gl. 2.9 läßt sich Gl. 3.11 zu

$$W_{1/t,r}(\alpha_r) = c_{pr}^{+} \cdot v_{pr}^{+\,n_v(\alpha_r)+1} \cdot \frac{W_{v/z}(\alpha_r) \cdot \dot{m}_p \cdot \sin \alpha_r}{A_s} \tag{3.12}$$

vereinfachen und mit Gl. 3.6 zu

$$W_{1/t,r}(\alpha_r) = c_{pr}^+ \cdot v_{pr}^{+\,n_v(\alpha_r)+1} \cdot W_{1/t}(\alpha_r) \ . \tag{3.13}$$

Mit einfachen Strahlkennwerten läßt sich so die örtliche lineare
Verschleißgeschwindigkeit $W_{1/t,r}$ berechnen. Auffallend ist der
Einfluß der Partikelgeschwindigkeit v_p, da sich sein Exponent
um den Wert 1 erhöht. Zu gleichen Ergebnissen kamen beide Autoren in /13,15/ und /64/. Sie nahmen jedoch den Exponenten als
winkelunabhängig an und verwendeten den Exponenten $n_v = 3$. Damit
geht eine Geschwindigkeitsänderung mit der 4. Potenz in das Ergebnis ein.

In größeren Betrachtungszeiträumen muß die örtliche lineare Verschleißgeschwindigkeit $W_{1/t,r}$ an einem Punkt der Oberfläche,
wegen der Änderung des örtlichen Anstrahlwinkels α_r, als nicht
konstant angenommen werden. Für kurze Zeitintervalle Δt gilt
$W_{1/t,r}$ jedoch als konstant und der örtliche lineare Verschleiß
W_{1r} berechnet sich zu

$$W_{1r}(\alpha_r) = c_{pr}^+ \cdot v_{pr}^{+\,n_v(\alpha_r)+1} \cdot W_{1/t}(\alpha_r) \cdot \Delta t \ . \tag{3.14}$$

Für das Zeitintervall Δt kann somit, durch die Anwendung der
Gl. 3.12 an jedem Liniensegment, die Gestaltänderung berechnet
werden. Von der letzten Schicht ausgehend kann wiederum eine
neue Schichtberechnung erfolgen.

3.1.2 Örtliche Strahlintensität

Die Eigenschaft der Partikeln im Strahlbereich x lassen sich in
einfacher Weise durch die örtlichen Strahlkenngrößen beschreiben. In Gl. 3.13 können sie zusammen als Faktor zur linearen
Verschleißgeschwindigkeit $W_{1/t}$ betrachtet und als bezogene örtliche Strahlintensität I_r^+ wie folgt definiert werden:

$$I_r^+(x) \equiv c_{pr}^+(x) \cdot v_{pr}^{+}(x)^{\,n_v(\alpha_r)+1} \ . \tag{3.15}$$

Wegen des winkelabhängigen Geschwindigkeitsexponenten n_v ist I_r^+ als Wirkung des Strahls auf ein Liniensegment unter dem Anstrahlwinkel α zu verstehen. Ist der Exponent n_v = konstant, so kann die Verteilung der Intensität über dem Strahlbereich ohne Berücksichtigung der Bauteilkontur angegeben werden. Im Falle c_{pr}^+ = 1 und v_{pr}^+ = 1 handelt es sich um eine kolbenförmige Verteilung der Strahlintensität mit I_r^+ = 1 über den ganzen Strahlbereich.

3.1.3 Beschreibung des Oberflächenprofils

Ein sich zeitlich veränderndes Oberflächenprofil ist analytisch schwierig zu beschreiben. Für die Bearbeitung auf einem Rechner ist deshalb das Oberflächenprofil aus einer Vielzahl ebener Flächensegmente zusammengesetzt. Durch die Endpunkte der Segmente läßt sich das Oberflächenprofil im kartesischen Koordinatensystem in erster Näherung beschreiben. Die Strahlrichtung verläuft parallel zur y-Achse (Bild 3.1).

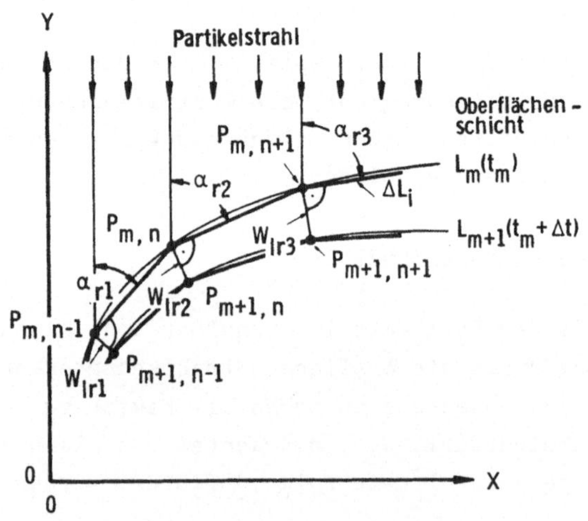

Bild 3.1: Darstellung der Profilkontur durch Segmente im Koordinatensystem.

In den folgenden Gleichungen bezeichnet der Index m die m-te berechnete Schicht der Oberfläche und der Index n ein Segment bzw. einen Punkt dieser Schicht.

Zum Zeitpunkt t_m ist die Körperprofillinie in der allgemeinen Form gegeben durch

$$L_m(t_m) = L_m(x,y), \qquad (3.16)$$

ein Segment der Profillinie durch

$$\Delta L_{m,n} = L_{m,n}(x,y) \qquad (3.17)$$

und beide Endpunkte des Liniensegmentes sind beschrieben durch

$$P_{m,n} = P_{m,n}(x_{m,n}, y_{m,n}) \text{ und} \qquad (3.18.1)$$

$$P_{m,n+1} = P_{m,n+1}(x_{m,n+1}, y_{m,n+1}). \qquad (3.18.2)$$

Nach dem Zeitschritt Δt zum Zeitpunkt

$$t_{m+1} = t_m + \Delta t \qquad (3.19)$$

ist die allgemeine Form der Körperprofillinie

$$L_{m+1}(t_{m+1}) = L_{m+1}(x,y), \qquad (3.20)$$

ein Segment der Profillinie

$$\Delta L_{m+1,n} = L_{m+1,n}(x,y) \qquad (3.21)$$

und beide Eckpunkte des Liniensegmentes

$$P_{m+1,n} = P_{m+1,n}(x_{m+1,n}, y_{m+1,n}) \text{ und} \qquad (3.22.1)$$

$$P_{m+1,n+1} = P_{m+1,n+1}(x_{m+1,n+1}, y_{m+1,n+1}). \qquad (3.22.2)$$

Aus den benachbarten Punkten $P_{m,n}$ und $P_{m,n+1}$ läßt sich die Gleichung des Liniensegmentes durch

$$\begin{vmatrix} x - x_{m,n} & y - y_{m,n} \\ x_{m,n+1} - x_{m,n} & y_{m,n+1} - y_{m,n} \end{vmatrix} = 0 \qquad (3.23)$$

berechnen und in der allgemeinen Form

$$Ax + By + C = 0 \qquad (3.24)$$

darstellen.

3.1.4 <u>Verschleißberechnung am Profilsegment</u>

Zur Berechnung des örtlichen linearen Verschleißes W_{lr} nach
Gl. 3.14 muß der örtliche Aufprallwinkel α_r berechnet werden.
Laut Definition ist α_r der Winkel zwischen der positiven y-Achse und der Tangente des Liniensegmentes (Bild 3.1). Er berechnet sich zu

$$\alpha_r = \arcsin (B / \sqrt{A^2 + B^2}\,). \qquad (3.25)$$

Die Koeffizienten A und B sind durch Gl. 3.24 gegeben. An welchem Ort innerhalb des Segmentes der Abtrag des örtlichen linearen Verschleißes W_{lr} erfolgen soll, bleibt der Vereinbarung
überlassen. Grundsätzlich ist jeder Ort des ebenen Segmentes
geeignet. Als günstig erweist sich der Abtrag von W_{lr} in Norma-
lenrichtung des Liniensegmentes an einem Endpunkt (Bild 3.1).

Im 2-dimensionalen Raum der Verschleißbetrachtung berechnet
sich die Normalengleichung des Liniensegmentes $\Delta L_{m,n}$ aus der
allgemeinen Form der Geradengleichung (Gl. 3.24) zu

$$\frac{x_{m,n} - x_{m+1,n}}{A} = \frac{y_{m,n} - y_{m+1,n}}{B} \qquad (3.26)$$

Darin ist $P_{m+1,n}$ der gesuchte neue Profilpunkt der m+1 -ten
Schicht. Der Abstand der Punkte $P_{m,n}$ und $P_{m+1,n}$ entspricht dem
örtlichen liearen Verschleiß W_{lr}. Mit Hilfe der Abstandsglei-
chung zweier Punkte in der Ebene

$$W_{1r}(\alpha_r) = \sqrt{(x_{m+1,n} - x_{m,n})^2 + (y_{m+1,n} - y_{m,n})^2} \qquad (3.27)$$

kann durch abwechselndes Einsetzen der Gl. 3.26 in Gl. 3.27 der Punkt $P_{m+1,n}$ explizit berechnet werden.

$$x_{m+1,n} = x_{m,n} \pm \frac{A \cdot W_{1r}(\alpha_r)}{\sqrt{A^2 + B^2}} \qquad (3.28.1)$$

$$y_{m+1,n} = y_{m,n} - \frac{B \cdot W_{1r}(\alpha_r)}{\sqrt{A^2 + B^2}} \qquad (3.28.2)$$

Ist die Steigung des Liniensegmentes im 1. Quadranten des Koordinatensystems positiv, so gilt das Vorzeichen (+), ist die Steigung negativ, so ist das Vorzeichen (-). Die Vorzeichen der Wurzeln sind immer positiv. Aus physikalischen Gründen ist das Vorzeichen in Gl. 3.28.2 immer negativ, da es sich um einen Verschleißabtrag in negativer Richtung der y-Achse handelt.
Diese Rechnungen sind für jedes Segment $\Delta L_{m,n}$ einer Profilkontur L_m durchzuführen und liefern durch die Endpunkte von W_{1r} die neuen Profilpunkte $P_{m+1,n}$, die ihrerseits die m+1 -te Schicht beschreiben. Soll der Verschleiß von dieser Schicht aus neu berechnet werden, beginnt der Vorgang von vorn.

3.2 Programmstruktur für den Rechenprozeß

Das Programm für den Rechenprozeß der 2-dimensionalen Verschleißbetrachtung wurde für den Tischrechner vom Typ HP 9825 A erstellt. Das Programm ist in eine Reihe von Unterprogrammen gegliedert. Bild 3.2 zeigt die Grobstruktur, die allgemeingültig für die Profilverschleißberechnung in der Ebene ist. Je nach Anwendungsfall sind die Randbedingungen in den einzelnen Unterprogrammen verschieden. Sie werden entsprechend erläutert.

Nach Eingabe der Verschleißsystem-Daten sowie der Eingabe des Zeitschrittes, der Anzahl der Profilaufzeichnungen und der Anzahl der Zwischenrechnungen bis zum Profilaufschrieb, werden

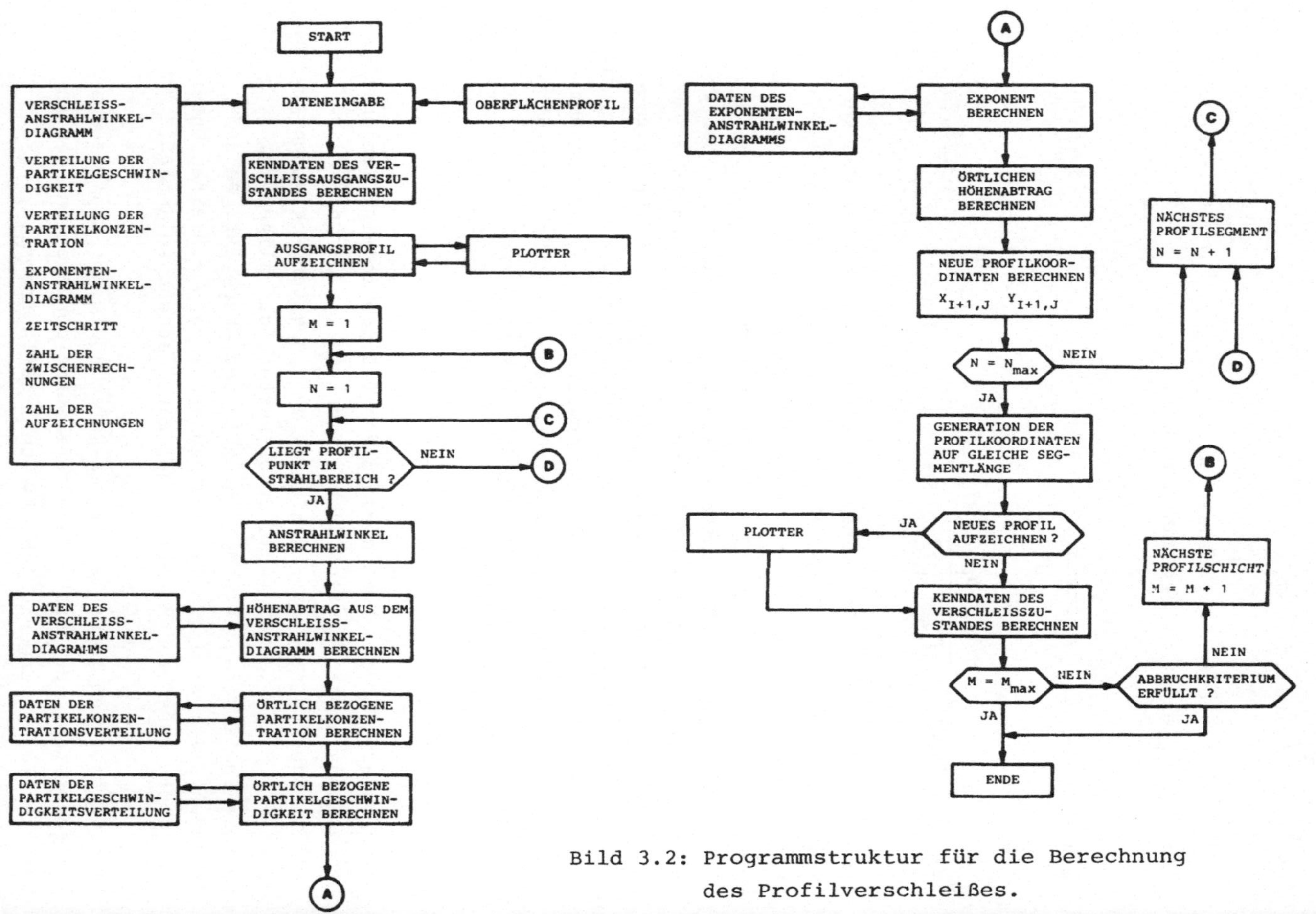

Bild 3.2: Programmstruktur für die Berechnung des Profilverschleißes.

spezielle Systemkenngrößen zur Beschreibung des Ausgangszustandes berechnet, und das Ausgangsprofil wird aufgezeichnet. Es werden nun der Reihe nach die einzelnen Profilpunkte abgearbeitet. Liegt der betrachtete Endpunkt $P_{m,n}$ eines Profilsegmentes im Verschleißbereich, erfolgt die Berechnung. Ansonsten erfolgt der Sprung D, und es wird der nächste Profilpunkt $P_{m,n+1}$ betrachtet. Mit Hilfe benachbarter Profilpunkte (Gl. 3.18) wird die Geradengleichung (Gl. 3.24) und damit der örtliche Aufprallwinkel α_r (Gl. 3.25) berechnet. In vier aufeinanderfolgenden Unterprogrammen werden die örtlichen Daten der Verschleißgeschwindigkeit $W_{1/t}(\alpha_r)$ und des Geschwindigkeitsexponenten $n_v(\alpha_r)$ sowie der bezogenen Partikelgeschwindigkeit $v_{pr}^+(x_{m,n})$ und der -konzentration $c_{pr}^+(x_{m,n})$ berechnet (Gl. 3.2 bis 3.5). Daraus errechnet sich dann mit Gl. 3.14 der örtliche lineare Verschleiß W_{1r}. Im nächsten Schritt erfolgt die Berechnung der Profilpunkte $P_{m+1,n}$ mit Gl. 3.28 der m+1 -ten Schicht. Dieser Vorgang wiederholt sich für jeden Profilpunkt.
Durch ein Unterprogramm werden die Profilpunkte der m+1 -ten Schicht derart korrigiert, daß ihre Abstände gleich sind. Sie kann aufgezeichnet werden, und es erfolgt wieder die Berechnung der zustandsbeschreibenden Kenndaten. Soll die Berechnung weitergeführt werden, erfolgt der Sprung B, der Vorgang beginnt von vorn und wiederholt sich, bis das Abbruchkriterium erfüllt ist.

3.2.1 Eingabe der Rechendaten

Der Verlauf der Profilkontur für den Zeitpunkt t_o, das bezogene Partikelgeschwindigkeitsprofil $v_{pr}^+(x)$ und das bezogene Partikelkonzentrationsprofil $c_{pr}^+(x)$ werden zunächst punktweise in ein Koordinatensystem übertragen. Dabei stimmt die x-Achse des Profilquerschnittes mit der x-Achse des Strahlquerschnittes überein (Bild 3.3). Die Abstände der Koordinatenpunkte richten sich nach der Abbildungsgenauigkeit. Wegen der Linearisierung der Kurvenverläufe zwischen den Punkten muß ein Formfehler toleriert werden. Ebenso wird für die Koordinatenermittlung des VAD's und des EAD's verfahren. Die Daten werden entweder von Hand oder vom Platten-/Bandspeicher in die Arbeitsregister des

Programms eingegeben. Handelt es sich um einfache Profilkonturen, z.B. Kreis, Gerade, Bogen, so können die Koordinatenpunkte auch durch ein Unterprogramm mit vorgegebenem Punktabstand generiert werden.

Ein weiteres Eingabedatum ist der Zeitschritt Δt. Er kann über oder unter dem Wert liegen, auf den die lineare Verschleißgeschwindigkeit $W_{1/t}(\alpha)$ bezogen ist. Je größer der Zeitschritt Δt gewählt wird, desto weniger wird eine zwischenzeitliche Gestaltänderung berücksichtigt.

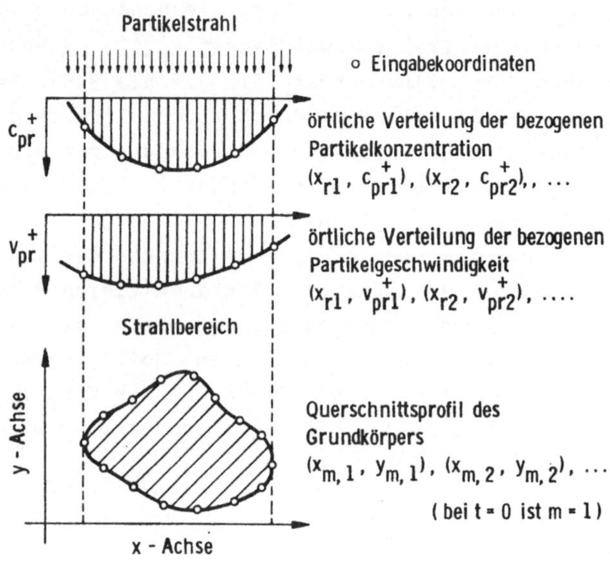

Bild 3.3:   Zuordnung des Partikelstrahls zum Querschnittsprofil des Grundkörpers im Koordinatensystem. Eintragung der Koordinatenpunkte.

Weitere Eingabedaten sind die Anzahl der Zwischenrechnungen n_z und die Anzahl der Profilaufschriebe n_s. Der zeitliche Abstand der dokumentierten Schichten Δt_s berechnet sich daraus zu

$$\Delta t_s = n_z \cdot \Delta t \qquad\qquad (3.29)$$

und die simulierte Strahlzeit t_{max} zu

$$t_{max} = n_z \cdot n_s \cdot \Delta t. \qquad (3.30)$$

Im Programm wurde t_{max} als Abbruchkriterium der Rechenvorgänge verwendet. Andere Kriterien, wie eine bestimmte Muldentiefe, Wanddicke oder Verschleißvolumen sind möglich.

3.2.2 Verschleiß am Liniensegment

Zur Berechnung der zeitlichen Profiländerung werden im Rechenprogramm die Profilpunkte der Reihe nach abgearbeitet. Es werden acht verschiedene Punktanordnungen zur Erkennung der örtlichen Profilstruktur unterschieden. Aus der Lage der beiden benachbarten Punkte $P_{m,n-1}$ und $P_{m,n+1}$ des Profilpnktes $P_{m,n}$ und der Steigung der Profilsegmente $\Delta L_{m,n-1}$ und $\Delta L_{m,n}$ kann ermittelt werden, ob es sich um eine konkave oder konvexe örtliche Profilstruktur handelt. Alle acht möglichen Anordnungsbeziehungen sowie der Ort und die Richtung des Abtrags des linearen Verschleiß W_{lr} zeigt Bild 3.4. Die Bedingungen für den Abtrag sind für die mathematische Auswertung wie folgt definiert:

1. Ist die Steigung des Segmentes $\Delta L_{m,n}$ zwischen den Punkten $P_{m,n}$ und $P_{m,n+1}$ positiv, so erfolgt der Abtrag von W_{lr} am Punkt $P_{m,n}$ senkrecht zu $\Delta L_{m,n}$.

2. Ist die Steigung des Segmentes $\Delta L_{m,n-1}$ zwischen den beiden Punkten $P_{m,n-1}$ und $P_{m,n}$ negativ, so erfolgt der Abtrag von W_{lr} am Punkt $P_{m,n}$ senkrecht zu $\Delta L_{m,n-1}$.

3. Ist die Steigung des Segmentes $\Delta L_{m,n}$ zwischen den Punkten $P_{m,n}$ und $P_{m,n+1}$ Null, so erfolgt der Abtrag von W_{lr} an beiden Punkten mit dem gleichen Betrag senkrecht und $\Delta L_{m,n}$.

4. Haben die Steigungen der Segmente $\Delta L_{m,n-1}$ und $\Delta L_{m,n}$ zwischen den Punkten $P_{m,n-1}$, $P_{m,n}$ und $P_{m,n+1}$ ungleiches Vorzeichen, so erfolgt der Abtrag von W_{lr} am Punkt $P_{m,n}$ parallel zur y-Achse, und es wird angenommen, der örtliche

Anstrahlwinkel sei $\alpha_r = 90^{\circ}$.

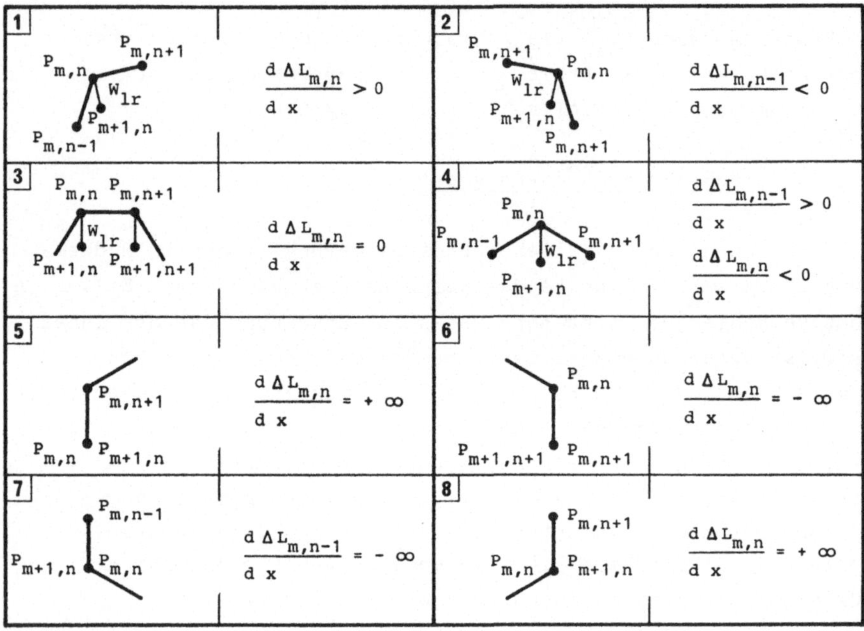

Bild 3.4: Anordnungsmöglichkeiten der Profilpunkte im Koordinatensystem und Abtragsregeln des Verschleißbetrags.

5. Ist die Steigung des Segmentes $\Delta L_{m,n}$ zwischen den Punkten $P_{m,n}$ und $P_{m,n+1}$ plus unendlich, so erfolgt kein Abtrag und es wird $P_{m,n} = P_{m,n+1}$ gesetzt.

6. Ist die Steigung des Segmentes $\Delta L_{m,n}$ zwischen den Punkten $P_{m,n}$ und $P_{m,n+1}$ minus unendlich, so erfolgt kein Abtrag und es wird $P_{m,n+1} = P_{m+1,n+1}$ gesetzt.

7. Ist die Steigung des Segmentes $\Delta L_{m,n-1}$ zwischen den Punkten $P_{m,n}$ und $P_{m,n+1}$ plus unendlich, so erfolgt kein Abtrag und $P_{m,n} = P_{m+1,n}$.

8.   Ist die Steigung des Segmentes $\Delta L_{m,n}$ zwischen den Punk-
      ten $P_{m,n}$ und $P_{m,n+1}$ plus unendlich, so erfolgt kein Ab-
      trag und $P_{m,n} = P_{m+1,n}$.

Mit diesen Regeln kann die zeitliche Gestaltänderung von Profilen rechentechnisch simuliert werden.

Es ließen sich auch andere Abtragsregeln festlegen. So könnte
z.B. der Abtrag von der Mitte des Segmentes aus erfolgen. Auch
wäre der Abtrag in Richtung der Winkelhalbierenden zweier benachbarter Segmente möglich. Schließlich könnte man den Abtrags-
ort und die Richtung des Abtrags von der Segmentlänge oder deren
Winkel zueinander abhängig machen. Der Einfluß der Genauigkeit
solcher Vorgehensweisen auf das Ergebnis wurde gegenüber der an-
gewendeten Methode nicht untersucht. Sie haben zudem besondere
Nachteile bei der rechentechnischen Verarbeitung von am Rande
liegenden Segmenten einer Profilform (z.B. Kreis).

3.2.3 Generation der Profilpunkte

Nach jeder berechneten Profilschicht werden die Profilpunkte
durch ein Unterprogramm neu generiert. Haben die Profilpunkte
in der m -ten Schicht noch alle gleiche Abstände, also gleiche
Segmentlänge, so sind die Abstände in der m+1 -ten Schicht durch
die Rechenvorschrift unterschiedlich lang. Bei konkaven Profil-
abschnitten vergrößern sich die Punktabstände. Es kann sogar bis
zur Punktüberdeckung und Punktüberschneidung kommen. Um diesem
Umstand vorzubeugen, werden die Punktkoordinaten derart korrigiert, daß immer nahezu gleiche Punktabstände vorliegen. Damit
wird gewährleistet, daß alle verschleißenden Profilsegmente
gleichrangig behandelt werden. Bild 3.5 a zeigt am Beispiel
einer simulierten Muldenbildung den Unterschied der Verschleißrechnung ohne und in Bild 3.5 b mit Generation der Profilpunkte.

Das Prinzip der Vorgehensweise der Punktegeneration ist in Bild
3.6 als Flußdiagramm und im Bild 3.7 am Beispiel von fünf Pro-

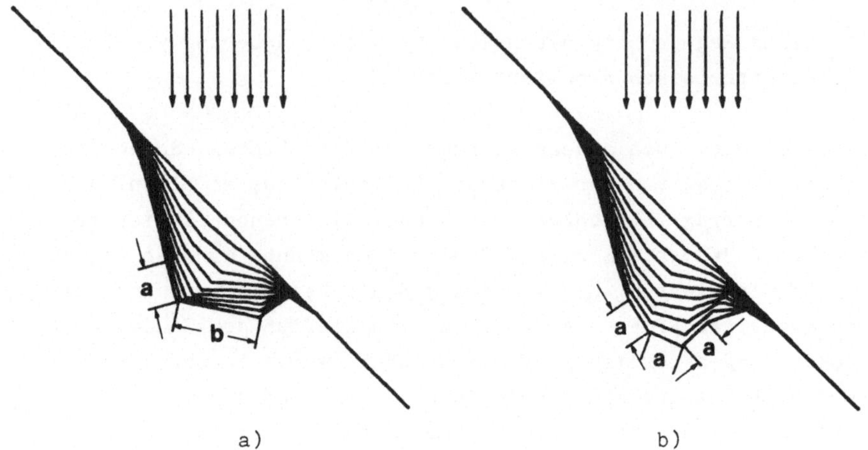

a)   b)

Bild 3.5:   Muldenbildung an der ebenen Platte
a) ungleiche Segmentlängen ohne und
b) gleiche Segmentlängen mit Punktegeneration

filpunkten in drei Schritten dargestellt. Zunächst werden alle ungleichen Punktabstände bzw. Segmentlängen der m -ten Schicht aufsummiert. Mittels der Anzahl der Profilsegmente wird die mittlere Profillänge $\bar{L}$ berechnet. Entlang der ungleichlangen Profilsegmente werden die generierten Punkte $P'_{m,n+1}$ ermittelt, indem abschnittsweise die Längen a und b berechnet werden die die Gleichung

$$\bar{L} = a + b + (c + \ldots + k) \qquad (3.31)$$

erfüllen. Mehrere Linienabschnitte werden mit c bis k berücksichtigt. Der Abstand der generierten Punkte $P'_{m,i}$ und $P'_{m,i+1}$ ist die wahre Länge des Segmentes $\Delta L'_{m,i}$. Sie ist immer kleiner als die mittlere Segmentlänge $\bar{L}$.

$$\Delta L'_{m,n} - \bar{L} \leqq 0. \qquad (3.32)$$

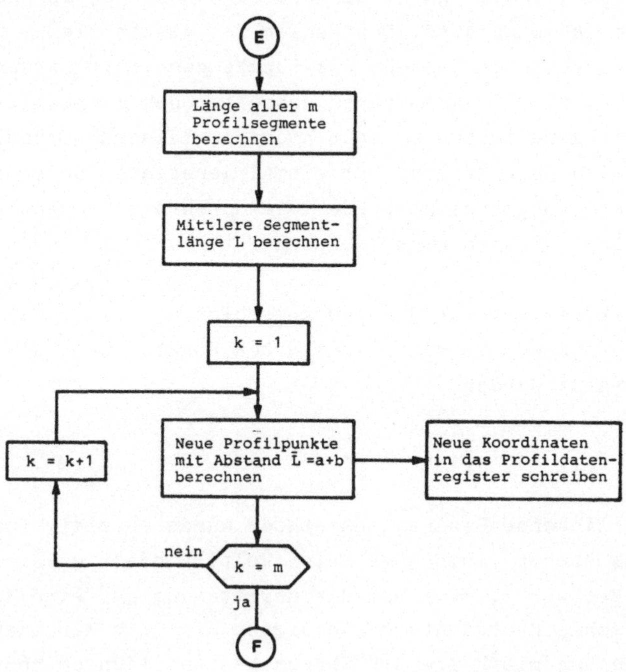

Bild 3.6: Struktur des Unterprogramms zur Punktegeneration.

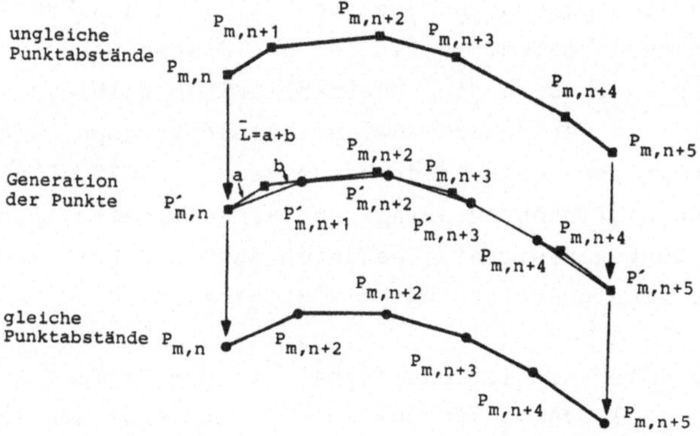

Bild 3.7: Generation der Profilpunkte am Beispiel.

Dies bedeutet aber auch, daß die Segmentlängen der generierten
Schicht ungleich sind. Der Fehler ist jedoch klein, und da nach
jeder berechneten Schicht die Punkte generiert werden, bleibt
er auch klein. Er kann durch doppelte oder mehrmalige Generation der generierten Schicht noch verkleinert werden. Im Programm wird jede Schicht nur einmal generiert, da sonst eine Genauigkeit vorgetäuscht würde, die durch die Segmentierung der
Oberfläche ohnehin nicht gegeben ist.

Die weitere Verschleißrechnung erfolgt von den generierten Punkten aus, indem die nichtgenerierten Punkte durch die generierten ersetzt werden.

$$P'_{m,i} = P_{m,i} \quad (i = 1, 2, 3, \ldots). \qquad (3.33)$$

Die vorliegende Generationsmethode wurde speziell für die Generierung ebener Linienzüge entwickelt. Handelt es sich um komplexe Netzwerke, etwa bei der Erweiterung auf eine 3-dimensiona-
le Verschleißbetrachtung, so eignen sich die Methoden der Netz-
generierung mit Hilfe der Coonsschen Abbildungen /65/.

3.2.4 Grenzen des Verfahrens

Die Abbildungsgenauigkeit einer Profilkontur steigt mit zunehmender Segmentierung bzw. Profilpunktzahl. Dies gilt besonders
für das Ausgangsprofil des Rechenprozesses. Wird ein Kreis z.B.
mit 20 Punkten beschrieben, so ist bei der Flächenberechnung der
relative Fehler - 1%. Wird die Punktzahl auf 10 halbiert, so
steigt der relative Fehler auf -5%, bei einer Verdoppelung auf
40 Punkte beträgt der Fehler jedoch nur noch - 0,02%. D.h. eine
übermäßige Punktzahlerhöhung bringt nur einen unwesentlichen Zu-
wachs an Abbildungsgenauigkeit, belastet aber die Zeit der Da-
teneingabe, den Speicherplatz und die Rechenzeit.

Von besonderem Interesse ist das Verhältnis der Segmentlänge
$\Delta L_{m,n}$ zum örtlich linearen Verschleiß W_{lr}. Für eine möglichst
hohe Wiedergabegenauigkeit der neuen Profilkonturen wird das
Verhältnis

$$\Delta L_{m,n} \, / \, W_{1r} \; \gg \; 1 \qquad\qquad (3.34)$$

gefordert. Es vermeidet die Überschneidung zweier Profilpunkte.
Auch blieben bei einem Verhältnis nahe 1 oder gar kleiner 1 zu
viele zwischenzeitliche Gestaltänderungen unberücksichtigt.

Problematisch kann der Fall werden, wie er in Bild 3.4 in den
Punkten 3 und 4 dargestellt ist. Dieser Profilbereich kann im
Verlauf der Rechnung den angrenzenden Profilbereichen zeitlich
vor- oder nacheilen. Dies kommt vor, wenn eine Rundung, mit z.B.
20 Punkten beschrieben, derart verschleißt, daß ein Winkel entsteht, der schließlich nur noch von 3 Punkten am Knick beschrieben wird. Entweder man berücksichtigt diesen Umstand durch einen Abbruch der Rechnung oder durch ein bestimmtes Korrektur-
programm, wobei nur noch der Verschleiß in der Knickzone, durch
Einfügen neuer Punkte, berechnet wird.

Durch die Segmentierung der systembeschreibenden Kennlinien
($W_{1/t}(\alpha)$, $n_v(\alpha)$, $v_{pr}^+(x)$, $c_{pr}^+(x)$) ist das Ergebnis zusätzlich
fehlerbehaftet, was sich jedoch bei keiner Art der Finiten-Ele-
mente-Methode vermeiden läßt.

3.2.5 <u>Kennzahlen</u>

Die Bildung von Kennzahlen (z.B. Muldentiefe) zur Beschreibung
des momentanen Verschleißzustandes ist eine Ergänzung zum Profilaufschrieb. Sie dienen als Grundlage zum Vergleich anderer
simulierter Zustände am gleichen Profil sowie zur zahlenmäßigen
Auswertung der Rechenergebnisse. Die Arten der einzelnen Kennzahlen sind vom zugrunde liegenden Verschleißfall abhängig und
werden in Kapitel 4 am jeweiligen Beispiel erläutert.

4 Experimentelle Untersuchungen zur Gestaltänderung infolge Strahlverschleiß

Zur Prüfung des entwickelten Rechenverfahrens werden Strahlverschleißuntersuchungen an den Werkstoffen Glas und Stahl durchgeführt. Sie zeichnen sich durch unterschiedliche Verschleiß-An-
strahlwinkel-Charakteristika aus. Es wird der Verschleiß am Rundprofil und die Muldenbildung an der ebenen Platte untersucht.
Zum Vergleich werden beide Verschleißfälle mit den Ergebnissen
der Simulationsrechnung verglichen.

4.1 Vorversuche zur Ermittlung der Einflußgrößen

Im experimentellen Teil der Voruntersuchungen werden die Einflußgrößen auf den Strahlverschleiß für die Versuchsbedingungen
zur Gestaltänderung am Rundprofil und zur Muldenbildung an der
ebenen Platte ermittelt. Die Ergebnisse werden konsequent für
die Anwendung der Simulationsrechnung ausgewertet, die von den
Parametern der Versuchsanlage, den Strahleinflußgrößen und den
Verschleißmeßgrößen an glatten, ebenen Werkstoffproben abhängen.

4.1.1 Aufbau der Versuchsanlage

Die experimentellen Untersuchungen wurden mit einer handelsübli-
chen Sandstrahlanlage durchgeführt. Bild 4.1 zeigt den schemati-
schen Aufbau der Versuchsanlage. Die Beschleunigung des Strahlmittels basiert auf dem Injektorprinzip. Im Injektor werden die
Partikeln durch Unterdruck in der Leitung angesaugt und in der
anschließenden Strahldüse pneumatisch beschleunigt, bevor sie
auf die Probe prallen. Die Strahldüse hat eine zylindrische Boh-
rung der Länge l_D = 120 mm und einen Durchmesser von d_D = 10 mm.
Der Abstand zwischen Strahldüse und Probenfläche beträgt für jeden Versuch a = 40 mm. Die von der Probe abprallenden Partikeln
fallen in den Strahlmittelvorratsbunker und gelangen so in den
Kreislauf zurück. Die Strahlmittelmenge im Vorratsbunker wurde
so gewählt, daß sie den Kreislauf nur einmal bei jedem Versuch
durchläuft. Lediglich bei Langzeitversuchen zur Muldenbildung
wurde das Strahlmittel bis zu 10 mal umgewälzt. Mit einer Dros-

sel wird der Druck p in der Injektordüse und damit der Partikeldurchsatz $\dot{m}_p$ sowie die Partikelgeschwindigkeit v_p variiert. Zusätzlich kann der Strahlmitteldurchsatz $\dot{m}_p$ durch eine Dosiervorrichtung eingestellt werden. Der Druckregler sorgt für einen immer gleichbleibenden Referenzdruck p_1, für den der Luftdurchsatz-
messer geeicht ist. Für die Versuche wurden die Probenhalter di-
rekt starr mit der Strahldüse verbunden, so daß immer die gleiche Zuordnung Probe/Strahl gewährleistet blieb.

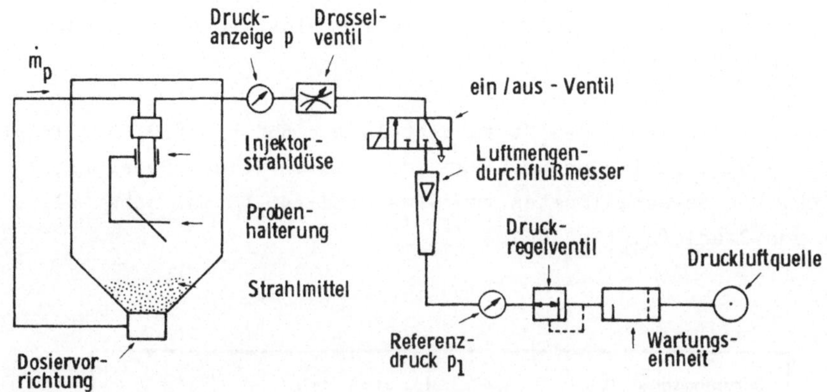

Bild 4.1: Schematischer Aufbau der Versuchsstrahlanlage.

4.1.2 Proben- und Partikelwerkstoff

Das Verschleißverhalten eines Werkstoffes wird von seiner Beanspruchung mitbestimmt. Von großer Bedeutung ist dabei der Aufprallwinkel der Partikeln. Das Verhalten läßt sich dem VAD ent-
nehmen. In zahlreichen Vorversuchen wurden die zwei Werkstoffe
Borosilikatglas und Stahl X 165 CrMoV 12 ausgewählt (Tabelle
4.1), die sich grundsätzlich in ihrer Verschleißabhängigkeit
vom Anstrahlwinkel unterscheiden. Während der Stahl im ungehär-
teten Zustand das Verschleißverhalten duktiler Werkstoffe aufweist, hat Glas das eines typisch spröden Werkstoffes. Elektro-
nenmikroskopische Untersuchungen der Verschleißzonen zeigten bei
Stahl plastische Verformungen, bei Glas dagegen Sprödbrüche in
den Einschlagkratern der Partikeln.

Die Härtewerte von Stahl wurden mit einem Kleinlasthärteprüfer zu 271 ± 0,5% HV 2 gemessen, die des Glases wird vom Hersteller /66/ mit 418 HKN 0,1 angegeben. Alle Versuche wurden mit kantigem Hartguß der Körnung d_p = 0,4 bis 0,8 mm durchgeführt. Bild 4.2 zeigt die durch Laborsiebungen ermittelte Kornfraktion sowie die Strahlmittelkenndaten. Mehrere Siebungen bei verschiedenen Versuchen ergaben immer nahezu gleiche Ergebnisse. Das verwendete Korn besaß nach der Siebung einen Unterkornanteil von rd. 5% und einen Oberkornanteil von rd. 0,3%. Durch die Verwendung von kantigem Hartguß als Strahlmittel, wird der Stoffverlust an der Probe schon durch einmalige plastische Verformung hervorgerufen (s.Bild 2.1).

Gegenüber der Härte des Strahlmittels mit 650 bis 850 HV 1 liegt Stahl eindeutig in der Hochlage und Glas im weiten Übergangsbereich. Die Verschleißraten von Glas sind rd. 40 mal höher als die von Stahl (s. Abs. 4.1.5.2).

Borosilikatglas /66/		Stahl /67/	
Bezeichnung	Pyrex[(Pat)] HQS	Bezeichnung	X 165 CrMoV 12
Oberfläche	schmelzgezogen	Stoffnummer	1.2601
Dichte	2,23 g/cm^3	Härte	271 HV 2
E-Modul	61 000 kg/mm^2	Dichte	7,85 g/cm^3
Schermodul	26 700 kg/mm^2	Zusammen-	1,55 - 1,75 % C
Härte	418 HV 0,1	setzung	0,25 - 0,4 % Si
Wärmeleitf.	0,0026 cal/cm ^{o}C s		0,2 - 0,4 % Mn
spez. Wärme	0,17 cal/g ^{o}C		0,035 % P und S
			11 - 12 % Cr
			0,5 - 0,7 % Mo
			0,1 - 0,5 % V
			0,4 - 0,6 % W

Tabelle 4.1: Daten der verwendeten Probenwerkstoffe.

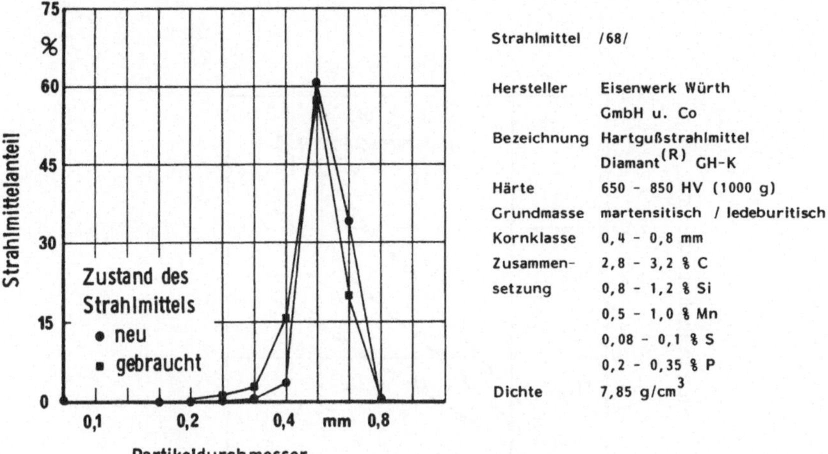

Bild 4.2:   Kornfraktion und Kenndaten des verwendeten Strahl-
            mittels.

4.1.3 Messung der Anlagenparameter

Über die Regulierung des Blasdrucks an der Versuchsstrahlanlage
werden, abhängig voneinander, die Geschwindigkeit sowie der Massendurchsatz der Strahlpartikeln vorgegeben. Beide Größen beeinflussen das Verschleißergebnis und müssen in die Berechnung ein-
bezogen werden.

4.1.3.1 Partikeldurchsatz in Abhängigkeit vom Blasdruck

Der Partikeldurchsatz $\dot{m}_p$ der Versuchsstrahlanlage kann durch den
Blasdruck p sowie durch die Stellung der Dosiervorrichtung vorgegeben werden. Die Messung des Durchsatzes erfolgt über die gewichtsmäßige Bestimmung der pro Zeiteinheit ausgetretenen Partikelmenge. Dafür wurden die Partikeln in einem Labyrinth aufge-
fangen. Die Durchsatzmessungen wurden in drei Stellungen der Dosiervorrichtung und einem Blasdruckbereich von p = 1,5 bis 6 bar,
in Schritten von 0,5 bar, durchgeführt. In diesem Bereich steigt
der Partikeldurchsatz linear zum Blasdruck an. Von Stellung

1 bis 3 erhöht sich der Durchsatz unabhängig vom Blasdruck und
verdoppelt sich etwa (Bild 4.3).

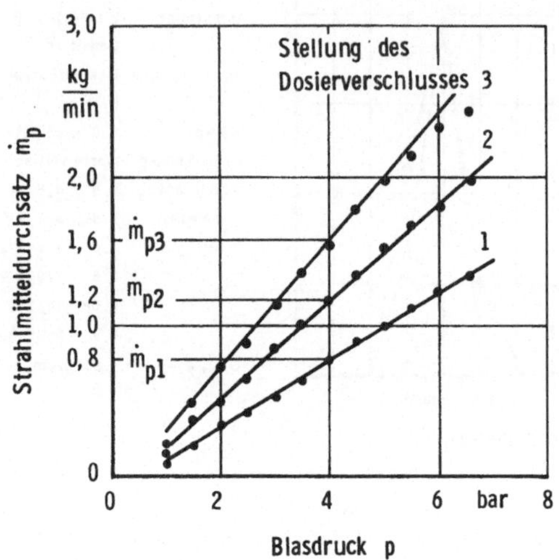

Bild 4.3:   Strahlmitteldurchsatz in Abhängigkeit vom Blasdruck
            und von der Stellung des Dosierverschlusses.

Für weitere Versuche und Rechnungen wurde die Stellung 1 an der
Dosiervorrichtung verwendet. Die Gleichung des Partikeldurch-
satzes in Abhängigkeit vom Blasdruck dafür lautet:

$$\dot{m}_p = -\,0{,}091 + 0{,}220 \cdot p \quad \text{mit} \quad 1{,}5 \text{ bar} \leq p \leq 6 \text{ bar.} \qquad (4.1)$$

Die gegenseitige Beeinflussung der Partikeln ist in diesem
Durchsatzbereich vergleichsweise gering. Bei einem Druck von
p = 4 bar beträgt der Strahlmitteldurchsatz etwa $\dot{m}_p$ = 0,8 kg/min
bzw. 13 g/s. Für einen Düsendurchmesser von d_D = 10 mm und einer
gemittelten Partikelgeschwindigkeit von v_p = 29 m/s berechnen
sich die Mittelpunktsabstände der Partikeln Δs mit

$$\Delta s = \sqrt[3]{\frac{d_D^2 \cdot d_p^3 \cdot \pi^2 \cdot v_p \cdot \rho_p}{24 \cdot \dot{m}_p}} \qquad (4.2)$$

zu $\Delta s = 5,37$ mm. Das entspricht ungefähr dem 10-fachen Partikeldurchmesser. Durch die unvermeidliche Aufweitung des Strahls
/80/ und bei Anstrahlwinkeln $\alpha < 90^{\circ}$ vergrößern sich diese Abstände nur noch, und die Gefahr der gegenseitigen Beeinflussung
wird gemindert /44/.

4.1.3.2 Partikelgeschwindigkeit in Abhängigkeit vom Blasdruck

Zur Messung der Partikelgeschwindigkeit in strömenden Medien
gibt es verschiedene Meßmethoden /27,69 bis 73/. Sie verlangen
meist einen hohen apparativen Aufwand. Besonders seien die korrelationsmeßtechnischen Methoden erwähnt /70/; außerdem muß die
Meßapparatur vor der zerstörenden Wirkung der Partikeln geschützt
werden.

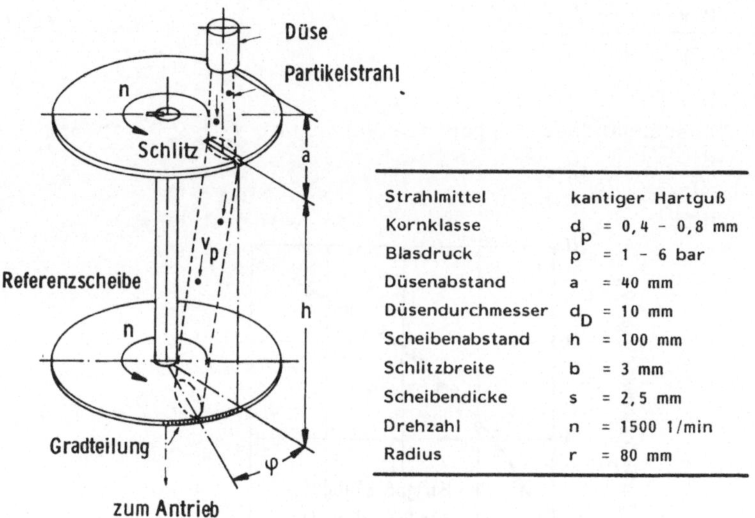

Strahlmittel	kantiger Hartguß
Kornklasse	$d_p = 0,4 - 0,8$ mm
Blasdruck	$p = 1 - 6$ bar
Düsenabstand	$a = 40$ mm
Düsendurchmesser	$d_D = 10$ mm
Scheibenabstand	$h = 100$ mm
Schlitzbreite	$b = 3$ mm
Scheibendicke	$s = 2,5$ mm
Drehzahl	$n = 1500$ 1/min
Radius	$r = 80$ mm

Bild 4.4:   Schematische Darstellung der Vorrichtung zur Messung
            der Partikelgeschwindigkeit sowie die Versuchsbedin-
            gungen.

Eine einfache Methode, die mittlere Partikelgeschwindigkeit v_p
zu messen, beschreiben Ruff und Ives /73/. Zwei Scheiben mit dem
Abstand h rotieren starr verbunden mit der Drehzahl n. Die obere

Scheibe ist mit einem Schlitz versehen und wird mit Partikeln
aus der Strahldüse angestrahlt. Bei jeder Umdrehung gelangen
Partikeln durch den Schlitz und markieren, um den Winkel φ ver-
schoben, die angerußte untere Referenzscheibe. Die Partikelgeschwindigkeit v_p berechnet sich daraus zu:

$$v_p = \frac{360^{\circ} \cdot h \cdot n}{\varphi^{\circ}} \quad . \tag{4.3}$$

Bild 4.4 zeigt den Versuchsaufbau sowie die Versuchsbedingungen.
Die Mindestgeschwindigkeit $v_{p,min}$ der Partikeln, die durch den
Schlitz gelangen können, ist von der Drehzahl n, der Scheiben-
dicke s, der Schlitzbreite b, dem Partikeldurchmesser d_p und
dem Abstand r vom Drehpunkt abhängig und berechnet sich zu:

$$v_{p,min} = \frac{2 \cdot \pi \cdot r \cdot s \cdot n}{b - d_p} \quad . \tag{4.4}$$

Für den Versuchsaufbau liegen die Werte bei $v_{p,min}$ = 12 bis
14 m/s.

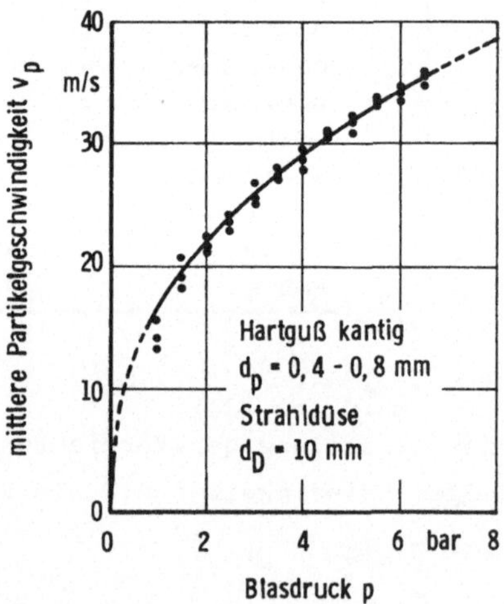

Bild 4.5: Mittlere Partikelgeschwindigkeit in Abhängigkeit
           vom Blasdruck.

Die gemessene örtliche Partikelgeschwindigkeit v_p in Abhängigkeit vom Blasdruck zeigt Bild 4.5. Der Winkel der Partikeleinschläge ließ sich annähernd auf $\Delta\varphi = 2^o$ genau durch die Mitte
des Trefferflecks abmessen. Durch die Meßpunkte wurde mit Hilfe
einer Regressionsanalyse eine Ausgleichskurve mit folgender
Gleichung gelegt:

$$v_p = 16,591 \cdot p^{0,408} \text{ mit } 1 \leqq p \leqq 6,5 \text{ bar.} \tag{4.5}$$

Die Partikelgeschwindigkeit wurde in den folgenden Versuchen
immer über den Druck p eingestellt und gelegentlich mit der
Meßapparatur überprüft.

4.1.4 Messung im Strahlbereich

Für die Berechnung des Verschleißes an Bauteilkonturen muß die
Verteilung der Partikelgeschwindigkeit und -konzentration im
Strahlbereich bekannt sein. Gemäß Gl. 3.14 beeinflussen diese
örtlichen Werte das Verschleißergebnis exponentiell bzw. linear.
Die genaue Kenntnis der Strahlkenngrößen in der Symmetrieebene
wird für die Verschleißsimulation am Rundstab und zur Muldenbildung an der ebenen Platte benötigt.

4.1.4.1 Örtliche Partikelkonzentration

Die Messung der Partikelkonzentration kann auf optischem Weg /15/
oder mit korrelationsmeßtechnischen Methoden /70/ erfolgen. Die
eigene angewandte Methode begründet sich auf der Gl. 2.9 und
2.10. Danach ist die bezogene örtliche Partikelkonzentration c_{pr}^+
proportional zum Verhältnis der örtlichen Partikelstromdichte
$\dot{m}_{pr}$ und der Partikelstromdichte $\dot{m}_p$ über dem gesamten Strahlquerschnitt A_s. Da die Partikelstromdichte $\dot{m}_p$ proportional zur
zeitlichen Trefferzahl $\dot{n}_p$ ist, kann die bezogene örtliche Partikelkonzentration c_{pr}^+ aus dem Trefferverhältnis $\dot{n}_{pr}/\dot{n}_p$ und dem
Flächenverhältnis A_{sr}/A_s wie folgt berechnet werden:

$$c_{pr}^+ = \frac{\dot{n}_{pr} / A_{sr}}{\dot{n}_p / A_s} \ . \tag{4.6}$$

Zur Messung wurde eine geschliffene und mit einem Raster versehene Oberfläche kurzzeitig mit Partikeln bestrahlt. Die Treffer
hinterlassen sichtbare Eindrücke in der duktilen Oberfläche und
können ausgezählt werden (Bild 4.6 a). Bei jeweils drei Versuchen wurden 563, 718 und 833 Treffer auf 169 Flächenelementen
A_{sr} ausgezählt. Dem Trefferbereich ließ sich ein Kreis mit einem
Durchmesser von d_s = 24 mm umschreiben, in dem rd. 98% aller
Treffer lagen. Dieser Durchmesser liegt den weiteren Berechnungen zugrunde. Die bezogene örtliche Partikelkonzentration c_{pr}^+
wurde mit Hilfe der Gl. 4.6 berechnet und über dem Raster in
Bild 4.6 b aufgetragen.

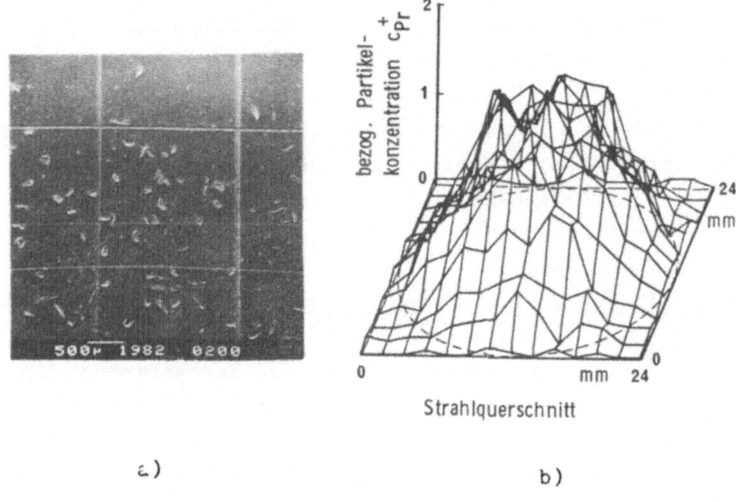

Bild 4.6:   a) Partikeleinschläge im Raster der Oberfläche.

b) Verteilung der bezogenen örtlichen Partikelkonzentration im Strahlbereich.

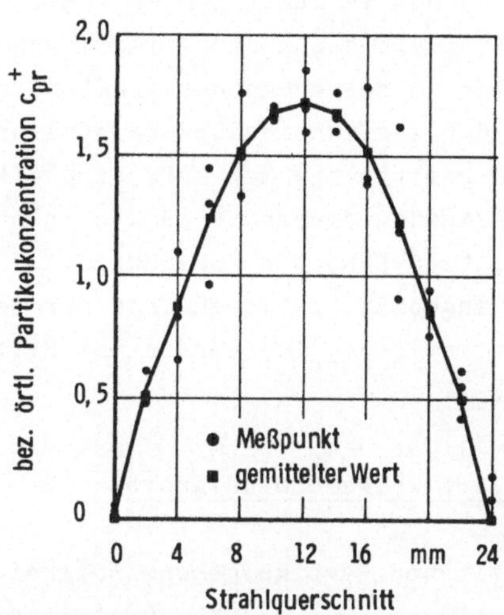

Bild 4.7: Bezogene örtliche Partikelkonzentration im Strahlquerschnitt des größten Durchmessers.

Abk.	Dim.	Koordinaten $(x_i \, / \, c_{pr}^{+})$												
c_{pr}^{+}	–	0	0,53	0,86	1,24	1,53	1,68	1,72	1,68	1,53	1,24	0,86	0,53	0
x_i	mm	Anwendungsfall: Rundprofil												
		-6	-4	-2	0	2	4	6	8	10	12	14	16	18
x_i	mm	Anwendungsfall: ebene Platte – Muldenbildung												
		8	10	12	14	16	18	20	22	24	26	28	30	32

Tabelle 4.2: Koordinaten der bezogenen örtlichen Partikelkonzentration in Bild 4.7. Die x-Koordinaten
sind dem Anwendungsfall entsprechend transformiert.

Für die Verschleißsimulation mit Hilfe des Rechenverfahrens wird die Verteilung der bezogenen Partikelkonzentration $c_{pr}^+(x)$ in der Ebene benötigt. Aus jedem Versuch, dem ein bezogenes Konzentrationsprofil gemäß Bild 4.6 b zugrunde liegt, wurde die bezogene Partikelkonzentration in der Ebene des größten Strahldurchmessers entnommen und der 2-dimensionalen Darstellung gemäß Bild 4.7 übertragen. Die gemittelten Meßwerte sind mit Geradenstücken verbunden. Die Koordinaten dieser Meßpunkte enthält Tabelle 4.2. Bei der Rechensimulation sind dem Anwendungsfall entsprechend die Abszissenwerte angepaßt. Zwischenwerte der bezogenen örtlichen Partikelkonzentration $c_{pr}^+(x)$ werden mit Hilfe der Gl. 3.5 linear interpoliert.

4.1.4.2 Örtliche Partikelgeschwindigkeit

Zur Messung der örtlichen Partikelgeschwindigkeit v_{pr} wird die Meßvorrichtung in Bild 4.4 verwendet. Zusätzlich wurde eine Lochblende mit einem Durchmesser von 3 mm unmittelbar über der Schlitzscheibe angebracht (Bild 4.8). Sie ist quer durch den Strahl in jeder Lage justierbar. Von der Mittelachse der Strahldüse aus wurde die Blende in verschiedenen Abständen variiert und der Winkel φ der Partikeleinschläge auf der Referenzscheibe gemessen. Alle Geschwindigkeitsmessungen wurden bei einem Blasdruck von p = 4 bar durchgeführt. Die örtliche Partikelgeschwindigkeit nach Gl. 4.3 ist in Bild 4.9 a über dem Strahlquerschnitt aufgetragen, der auf einen Durchmesser von d_p = 24 mm begrenzt wurde (s. Abs. 4.1.4.1). Zur möglichst genauen Messung des Geschwindigkeitsprofils wurden 10 Einzelmessungen durchgeführt und der örtliche Mittelwert gebildet.

Das Geschwindigkeitsprofil der Partikeln über dem Strahlquer - schnitt ist schwach gewölbt und kann vereinfacht als ein Kolbenprofil betrachtet werden. Messungen des Geschwindigkeitsprofils der Luft, wobei die Partikelzufuhr blockiert wurde, zeigten in Höhe des Düsenaustritts ebenfalls ein Kolbenprofil. Im Abstand von a = 40 mm vor der Düse zeigte sich jedoch eine ausgeprägte glockenförmige Verteilung der Luftgeschwindigkeit. Trotzdem kann angenommen werden, daß die Partikeln, infolge ihrer Trägheit,

das angenäherte Kolbenprofil beibehalten. Der Abstand zur Blende
mit a = 40 mm wird bei einer mittleren Partikelgeschwindigkeit
in rd. 1/7000 s durchflogen, so daß die Zeit für eine wesentli-
che Geschwindigkeitsreduzierung nicht gegeben ist.

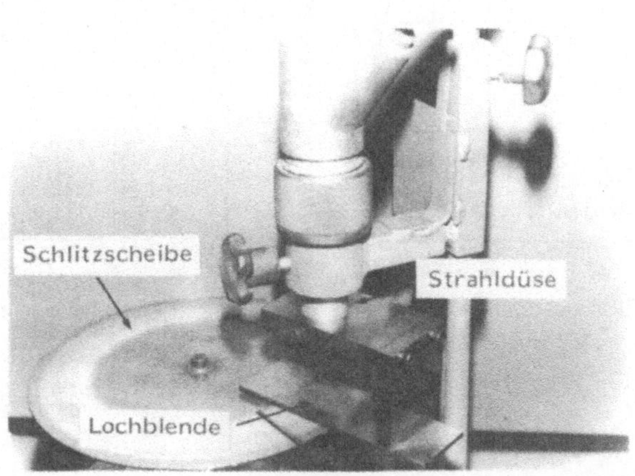

Bild 4.8:   Vorrichtung zur Messung der örtlichen Partikelge-
            schwindigkeit.

Der Mittelwert aller gemessenen örtlichen Partikelgeschwindigkeiten beträgt 29,18 m/s und stimmt mit der Partikelgeschwindigkeit v_p = 29,21 m/s bei p = 4 bar überein (s. Bild 4.5). Die
Streuung der Meßpunkte der örtlichen Partikelgeschwindigkeit
liegt bei rd. 11%. Diese relativ große Abweichung begründet sich
auf den unterschiedlichen Korngewichten. So werden kleine Partikeln schneller beschleunigt als größere.
Nach Gl. 2.6 wurde die bezogene örtliche Partikelgeschwindigkeit $v_{pr}^+(x)$ berechnet und in Bild 4.9 b über dem Strahlquerschnitt aufgetragen. Die Meßpunkte enthält Tabelle 4.3. Bei der
Rechensimulation sind dem Anwendungsfall entsprechend die Abszissenwerte angepaßt. Werte zwischen den Meßpunkten werden nach
Gl. 3.4 linear interpoliert.

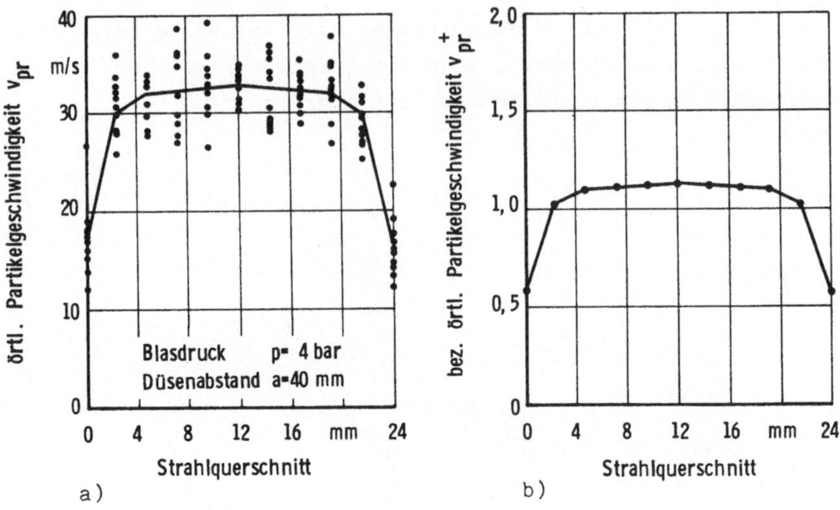

Bild 4.9:   a) örtliche   b) bezogene örtliche Partikelgeschwindigkeit im Strahlbereich.

Abk.	Dim.	Koordinaten (x_i / v_{pr}^+)
v_{pr}^+	–	0,58 1,03 1,10 1,11 1,12 1,13 1,12 1,11 1,10 1,03 0,58
x_i	mm	Anwendungsfall: Rundprofil -0,6 -3,6 -1,2 1,2 3,6 6,0 8,4 10,8 13,2 15,6 18,0
x_i	mm	Anwendungsfall: ebene Platte – Muldenbildung 8,0 10,4 12,8 15,2 17,6 20,0 22,4 24,8 27,2 29,6 32,0

Tabelle 4.3:   Koordinaten der bezogenen örtlichen Partikelgeschwindigkeit in Bild 4.9. Die x-Koordinaten sind
dem Anwendungsfall entsprechend transformiert.

4.1.5 Messung der Verschleißgrößen an der ebenen Platte

Für die Berechnung des Verschleißes an Bauteilkonturen muß der
lineare Verschleiß W_{lr} sowie der Exponent n_v in Abhängigkeit vom
Anstrahlwinkel α bekannt sein. Er wird durch Versuche an der
ebenen Platte unter verschiedenen Anstrahlwinkeln ermittelt. Mit

den gleichen Versuchen läßt sich der Geschwindigkeitsexponent $n_v(\alpha)$ ermitteln, indem die Partikelgeschwindigkeit v_p variiert wird. Bedingt durch die Versuchsvorrichtung bewirkt eine Änderung der Partikelgeschwindigkeit v_p, durch Verstellen des Blasdruckes p, gleichfalls eine Änderung des Strahlmitteldurchsatzes (Gl. 4.1 und 4.5). Im Vorversuch wird geklärt, in welchem Zusammenhang, unter den vorliegenden Versuchsbedingungen, die Verschleißgeschwindigkeit $W_{1/t}$ und die Partikelkonzentration c_p zueinander stehen.

Die Versuchsanordnung zur Messung der Verschleißgrößen an den Stahl- und Glasproben zeigt Bild 4.10. Die Probenplatten mit den Maßen 10 x 30 x 60 mm, haben unter jedem Anstrahlwinkel α einen Abstand von a = 40 mm zur Strahldüse, die einen Durchmesser von d_p = 10 mm hat.
Zur Vermeidung der Muldenbildung wurden die Strahlzeiten zur Messung der Verschleißgrößen kurz gehalten, um das Ergebnis für den eingestellten Anstrahlwinkel nicht durch andere Winkel zu verfälschen.

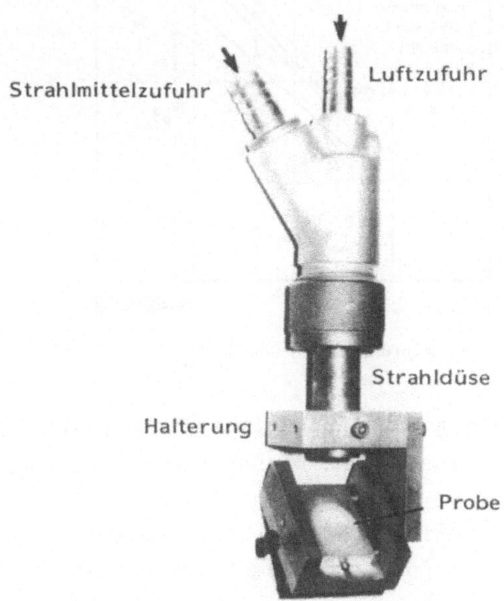

Bild 4.10: Vorrichtung für die Strahlverschleißversuche an der
            ebenen Platte.

4.1.5.1 Einfluß der Partikelkonzentration

Nach Gl. 3.13 ist der Verschleiß proportional zur Partikelkonzentration im Feststoffstrahl (s. Abs. 3.1). Es wird untersucht, ob dieser Sachverhalt für die Versuchsbedingungen zur Ermittlung des VAD's und des EAD's zutrifft.

Im Versuch wurde der Verschleiß für drei verschiedene Partikel-
konzentrationen c_{p1}, c_{p2} und c_{p3} für die Anstrahlwinkel $\alpha = 15^{o}$
bis 90° in Schritten von 15° gemessen. Die Partikelkonzentration
wurde durch die Partikelstromdichte $\dot{m}_p$ bei gleicher Partikelgeschwindigkeit v_p = 29 m/s (= 4 bar) variiert. Sie betrugen
$\dot{m}_{p1}$ = 0,8 kg/min, $\dot{m}_{p2}$ = 1,2 kg/min und $\dot{m}_{p3}$ = 1,6 kg/min.

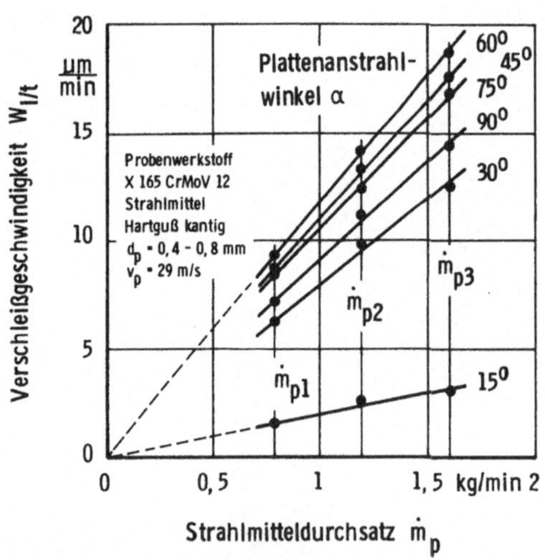

Bild 4.11: Verschleißgeschwindigkeit in Abhängigkeit vom Strahlmitteldurchsatz und verschiedener Anstrahlwinkel.

Der Beschuß der plattenförmigen Probenkörper aus ungehärtetem
Stahl X 165 CrMoV 12 erfolgte mit kantigem Hartguß d_p = 0,4 bis
0,8 mm. Aus dem Gewichtsverlust $W_{m/t}(\alpha)$ der Proben ließ sich mit
Gl. 2.3 die lineare Verschleißgeschwindigkeit $W_{l/t}$ berechnen.
Die Versuchsergebnisse in Abhängigkeit vom Strahlmitteldurch-

satz und vom Anstrahlwinkel zeigt Bild 4.11. Die Kurvenverläufe
sind linear. Innerhalb der verwendeten Versuchsparameter kann
damit die Proportionalität $W \sim c_p$ bestätigt werden. In zahlreichen ähnlichen Versuchen kam man zu gleichen Ergebnissen /31,46
bis 48,63/. Im Versuch wurde bei einem Anstrahlwinkel von α =
90° eine Fläche von rd. 4,5 cm^2 bestrahlt. Je nach Partikelstromdichte $\dot{m}_{pi}$ errechnet sich nach Gl. 2.8 eine Partikelkonzentration c_p = 2,96 bis 5,93 g/cm^2 s, die auf die Oberfläche
prallt. Bei kleineren Strahlwinkeln verringert sich die Partikelkonzentration wegen der Vergrößerung der bestrahlten Fläche.
Diese Werte liegen nach Kleis /44/, der 2 bis 3 g/cm^2 s angibt,
in einem Bereich, in dem die Möglichkeit der Verschleißminderung
durch reflektierende Partikeln noch nicht gegeben oder nur gering ist.

4.1.5.2 Einfluß des Anstrahlwinkels

Für die Werkstoffe Glas und Stahl wurde das VAD in Abhängigkeit
des Anstrahlwinkels α und des Blasdruckes p ermittelt. Der Anstrahlwinkel wurde von α = 15° bis 90° in 15° - Schritten variiert. Bei Stellung 1 des Dosierverschlusses konnte durch die Ver-
änderung des Blasdruckes von p = 2 bis 6 bar die mittlere Partikelgeschwindigkeit von v_p = 22 bis 35 m/s (Gl. 4.5) sowie der
Massenstrom der Partikeln von $\dot{m}_p$ = 0,35 bis 1,23 kg/min (Gl.
4.1) verändert werden. Die Versuchsbedingungen enthält Tabelle
4.4.
Die winkelabhängige, gewichtsmäßige Verschleißgeschwindigkeit
$W_{m/t}(\alpha)$ wurde mit Gl. 2.3 auf die lineare Verschleißgeschwindigkeit $W_{l/t}(\alpha)$ umgerechnet. Die Strahlquerschnittsfläche A_s berechnete sich aus dem Strahldurchmesser d_s = 24 mm (s. Abs. 4.1.4.1).

Die gemittelten Meßergebnisse sind als Punkte in Abhängigkeit vom
Anstrahlwinkel und der Partikelgeschwindigkeit in Bild 4.12
dargestellt. Die mit Geradenstücken dargestellten Kurven sind
Ausgleichskurven. Sie wurden in den Nullpunkt extrapoliert. Die
Berechnung dieser Stützpunkte enthält Abschnitt 4.1.5.3. Die Ab-
weichung der Meßpunkte von den errechneten Stützpunkten liegt im
Mittel bei 3,28% mit einer Standardabweichung von $\pm$ 0,88%.

Probenmaterial	Borosilikatglas und Stahl X 165 CrMoV 12
Probengröße	10 x 30 x 60 mm
Probenabstand	a = 40 mm
Düsendurchmesser	d_D = 10 mm
Strahlmittel	kantiger Hartguß
Kornklasse	d_p = 0,4 - 0,8 mm
Blasdruck	p = 2 - 6 bar in Schritten von 1 bar
Partikelgeschwindigkeit	v_p = 22 - 35 m/s
Strahlmitteldurchsatz	$\dot{m}_p$ = 0,35 - 1,23 kg/min
Strahlzeit	t = 0,5 - 5 min
Anstrahlwinkel	α = 15° - 90° in Schritten von 15°

Tabelle 4.4: Versuchsbedingungen für die Strahlversuche an der
ebenen Platte.

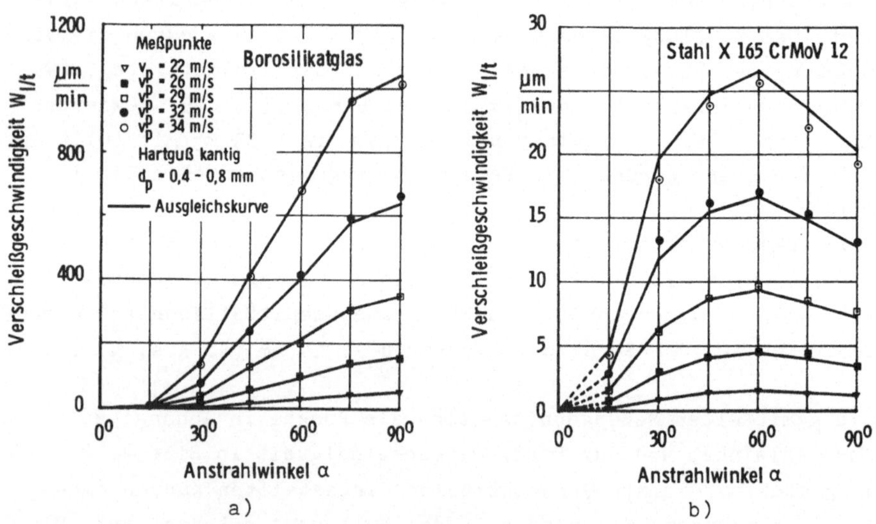

Bild 4.12: Verschleißgeschwindigkeit in Abhängigkeit vom Anstrahlwinkel für a) Borosilikatglas und
b) Stahl.

Für die Rechensimulation wurden die Ausgleichskurven der VAD's
in Bild 4.12 für eine Partikelgeschwindigkeit von v_p = 29 m/s
bei einem Druck von p = 4 bar verwendet. Die Stützpunkte der
Ausgleichskurve enthält Tabelle 4.5. Zwischenwerte des Verschleißes $W_{l/t}(\alpha)$ werden linear mit Hilfe der Gl. 3.2 interpoliert.

Abk.	Dim.	Koordinaten $(a_i / W_{l/t})$						
a_i	°	0	15	30	45	60	75	90
$W_{l/t}$	µm/min	Probenwerkstoff: Borosilikatglas						
		0	2,40	36,36	127,54	213,59	310,24	349,91
$W_{l/t}$	µm/min	Probenwerkstoff: Stahl X 165 CrMoV 12						
		0	1,55	6,32	8,71	9,4	8,39	7,27

Tabelle 4.5:   Koordinaten der V-A-Diagramme in Bild 4.12.

Borosilikatglas zeigt deutlich das Verschleißverhalten eines
spröden Werkstoffes und Stahl das eines duktilen. Das Verschleißmaximum liegt für Glas bei α_{max} = 90° und für Stahl bei α_{max} =
60°. Die lineare Verschleißgeschwindigkeit $W_{l/t}$ bei Glas liegt
nur bei einem Anstrahlwinkel von α = 15° in der Größenordnung
von Stahl. Für andere Winkel hat Glas einen rd. 40 mal höheren
Verschleiß. Qualitativ stimmen die Kurvenverläufe für Glas mit
den Untersuchungen in /32,46,48/ überein.

Durch die Umrechnung der gewichtsmäßigen Verschleißgeschwindigkeit $W_{m/t}$ auf die lineare Verschleißgeschwindigkeit $W_{l/t}$ ver-
schiebt sich das Verschleißmaximum durch den Einfluß des Anstrahlwinkels α in Gl. 2.3 von kleineren zu größeren Winkeln,
da der Verschleiß $W_{m/t}$ zu größeren Winkeln hin, auf eine immer
kleiner werdende Strahlfläche bezogen wird.

4.1.5.3 Einfluß der Partikelgeschwindigkeit

Wegen Gl. 3.14 muß der Geschwindigkeitsexponent n_v in Abhängigkeit vom Anstrahlwinkel α bestimmt werden. Trägt man aufgrund der Gleichung

$$W_{v/z}(\alpha) = k_v(\alpha) \cdot v_p^{n_v(\alpha)} \qquad (4.7)$$

den bezogenen Volumenverschleiß $W_{v/z}(\alpha)$ über der Partikelgeschwindigkeit v_p im doppelt logarithmischen Maßstab auf, so kann aus der Steigung der Geraden der Exponent $n_v(\alpha)$ ermittelt werden.

Die Werte des bezogenen Volumenverschleißes $W_{v/z}(\alpha)$ können aus der massenmäßigen Verschleißgeschwindigkeit $W_{m/t}$ mit Hilfe der Gl. 2.2 oder aus den Werten der linearen Verschleißgeschwindigkeit $W_{1/t}(\alpha)$ mit

$$W_{v/z}(\alpha) = \frac{W_{1/t}(\alpha) \cdot d_s^2 \cdot \pi/4}{\dot{m}_p \cdot \sin \alpha} \qquad (4.8)$$

aus den Bildern 4.12 a und b zurückberechnet werden. Für die beiden Werkstoffe Glas und Stahl ist der bezogene Volumenverschleiß $W_{v/z}$ über der Partikelgeschwindigkeit v_p und vom Anstrahlwinkel α abhängig in Bild 4.13 a und b aufgetragen. Durch die Meßpunkte wurde eine Ausgleichsgerade mittels einer Regressionsanalyse gelegt. Den Gleichungen der Geraden liegt der Kurventyp der Gl. 4.7 zugrunde. Sie sind in Tabelle 4.6 enthalten. Mit diesen Gleichungen wurden die Stützpunkte in Bild 4.12 a und b berechnet. Den Zusammenhang zwischen dem Blasdruck p und dem Massendurchsatz der Partikeln $\dot{m}_p$ stellt Gl. 4.1 und zwischen Blasdruck p und der Partikelgeschwindigkeit v_p Gl. 4.5 her. Die errechneten Stützpunkte gleichen die für den jeweiligen Anstrahlwinkel α unvermeidlichen Versuchsschwankungen aus. Die auf die Stützpunkte bezogene Abweichung der Meßpunkte in Bild 4.13 a und b liegen im Mittel bei 2,8% mit einer Standardabweichung von ± 0,7%.

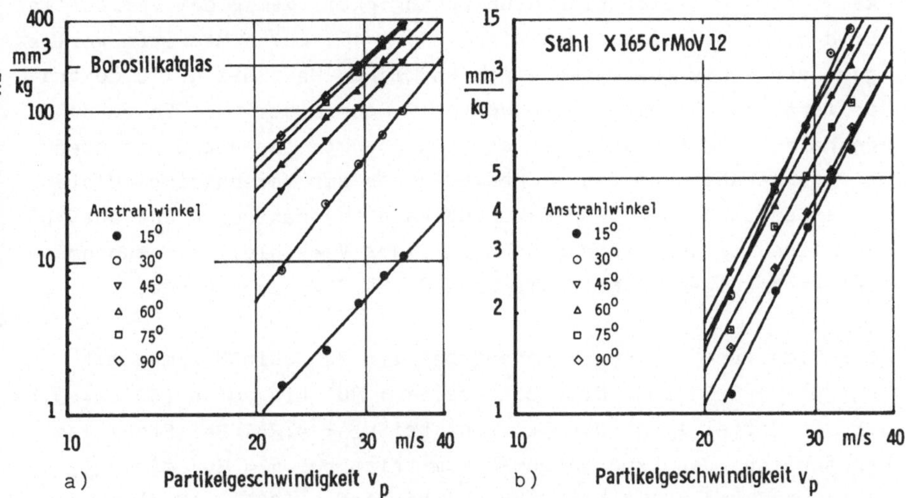

Bild 4.13: Spezifischer Volumenverschleiß in Abhängigkeit der Partikelgeschwindigkeit im doppelt logarithmischen Maßstab für a) Borosilikatglas und b) Stahl

Anstrahl-winkel	Borosilikatglas	Stahl X 165 CrMoV 12
15°	$W_{v/z} = 140{,}433 \cdot 10^{-8} \cdot v_p^{\,4,480}$	$W_{v/z} = 10{,}570 \cdot 10^{-6} \cdot v_p^{\,3,763}$
30°	$W_{v/z} = 60{,}989 \cdot 10^{-8} \cdot v_p^{\,5,353}$	$W_{v/z} = 7{,}251 \cdot 10^{-6} \cdot v_p^{\,4,098}$
45°	$W_{v/z} = 39{,}241 \cdot 10^{-6} \cdot v_p^{\,4,384}$	$W_{v/z} = 50{,}001 \cdot 10^{-6} \cdot v_p^{\,3,518}$
60°	$W_{v/z} = 111{,}967 \cdot 10^{-6} \cdot v_p^{\,4,166}$	$W_{v/z} = 46{,}185 \cdot 10^{-6} \cdot v_p^{\,3,504}$
75°	$W_{v/z} = 197{,}993 \cdot 10^{-6} \cdot v_p^{\,4,067}$	$W_{v/z} = 40{,}941 \cdot 10^{-6} \cdot v_p^{\,3,473}$
90°	$W_{v/z} = 507{,}040 \cdot 10^{-6} \cdot v_p^{\,3,823}$	$W_{v/z} = 37{,}776 \cdot 10^{-6} \cdot v_p^{\,3,444}$

Tabelle 4.6: Gleichungen der Kurven in Bild 4.13. Durch eine Regressionsanalyse auf einem Rechner ermittelt.

Trägt man den errechneten Exponenten n_v über dem Anstrahlwinkel α auf, so zeigt sich eine Abhängigkeit gemäß dem Verlauf in Bild 4.14. Da bei Anstrahlwinkeln $\alpha < 15^{\circ}$ keine Meßwerte vorliegen, wurde die Kurve auf einen endlichen Wert bei $\alpha = 0^{\circ}$ extrapoliert. Auch liegen keine Werte im Schrifttum vor. Es wurde deshalb der Mittelwert der sechs Meßpunkte für den Exponenten $n_v(0^{\circ})$ gewählt, um das Rechenverfahren zur Verschleißsimulation anwenden zu können. Der Exponent kann theoretisch nicht auf Null abfallen, da bei Exponenten $n_v < 1$ der Verschleiß mit zunehmender Partikelgeschwindigkeit nach Gl. 4.7 kleiner würde.

Für Glas erreicht der Exponent bei $\alpha = 30^{\circ}$ sein Maximum mit $n_v(30^{\circ}) = 5,35$ und fällt dann bei $\alpha = 90^{\circ}$ bis auf $n_v(90^{\circ}) = 3,82$ ab. Im Mittel liegt der Exponent bei $n_v = 4,38$. Bei Stahl ist es ähnlich. Das Exponentenmaximum tritt bei $\alpha = 30^{\circ}$ mit $n_v(30^{\circ}) = 4,1$ auf und fällt bei $\alpha = 90^{\circ}$ bis auf $n_v(90^{\circ}) = 3,44$ ab. Im Mittel liegt der Exponent bei $n_v = 3,63$. Im Vergleich zu anderen Untersuchungsergebnissen sind die Exponenten für Stahl relativ hoch. Zur Überprüfung und Einordnung dieser Werte wurden vergleichend dazu, mit gleichen Versuchsbedingungen die mittleren Exponenten für AlCuMgPb (Härte 210 HV 1) mit $n_v = 2,9$ und für E-Cu (Härte 180 HV 1) mit $n_v = 2,8$ gemessen. Die Ursache dafür könnte an der geringen Geschwindigkeit und den Meßwertschwankungen des ziemlich kleinen Geschwindigkeitsbereiches liegen. Untersuchungen von Bode und Schaetz /27/ zeigen zwar ebenfalls so hohe Werte, das Exponentenmaximum befindet sich aber bei $\alpha = 90^{\circ}$.

Für die Rechensimulation liegt das EAD in Bild 4.14 zugrunde. Die Koordinaten der Meßpunkte enthält Tabelle 4.7. Zwischenwerte werden linear nach Gl. 3.3 interpoliert.

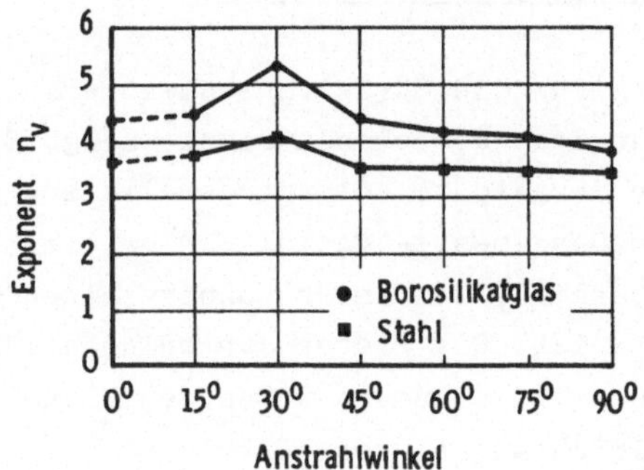

Bild 4.14: Geschwindigkeitsexponent in Abhängigkeit vom Anstrahlwinkel (EAD) für Glas und Stahl.

Abk.	Dim.	Koordinaten (a_i / n_V)						
a_i	o	0	15	30	45	60	75	90
n_V	–	Probenwerkstoff: Borosilikatglas						
		4,38	4,48	5,35	4,38	4,17	4,08	3,82
n_V	–	Probenwerkstoff; Stahl X 165 CrMoV 12						
		3,63	3,76	4,10	3,52	3,50	3,47	3,44

Tabelle 4.7: Koordinatenpunkte der Kurven in Bild 4.14.

4.2 Hauptversuche zur Gestaltänderung

In experimentellen Strahlversuchen wird die Gestaltänderung am Rundstab und die Muldenbildung an der ebenen Platte untersucht. Die Querschnittsprofile der verschleißenden Bauteile werden zu verschiedenen Zeiten in der Hauptverschleißebene vermessen und mit den, nach dem entwickelten Verfahren (Kap. 3) berechneten, Querschnittsprofilen verglichen. Die für die Simulationsrechnung notwendigen Kennlinien sind in Vorversuchen (Abs. 4.1) ermittelt worden.

4.2.1 Versuchsbedingung und Prüfmethode

Die Probenhalterung für die Strahlverschleißversuche am Rundstab
und zur Muldenbildung an der ebenen Platte zeigt Bild 4.15 a und
b. Der Abstand zur Strahldüse beträgt jeweils a = 40 mm. Der
Rundstab mit einem Durchmesser von d_R = 8 mm liegt dabei voll-
ständig im Strahlbereich, der in Probenhöhe einen Durchmesser
von d_S = 24 mm aufweist. Die Proben zur Muldenbildung haben die
Größe 18 x 30 x 60 mm. Sie wurden unter dem Winkel α = 30°, 60°
und 90° zur Strahlrichtung eingestellt.

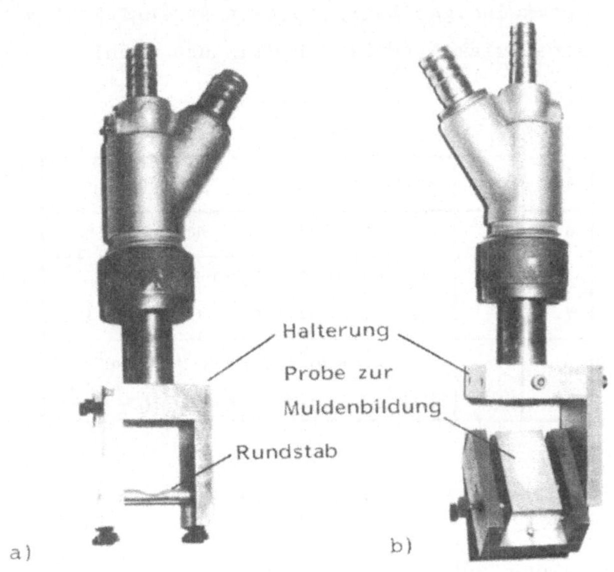

Bild 4.15:   Probenhalterung für die Strahlversuche
             a) am Rundstab, b) zur Muldenbildung.

Die Probenwerkstoffe aus Glas und Stahl stimmen mit denen überein, die zur Ermittlung des VAD's und EAD's verwendet wurden
(s. Abs. 4.1.2).
Für alle Versuche beträgt der Blasdruck p = 4 bar. Dabei haben
die Partikeln eine mittlere Geschwindigkeit von v_p = 29 m/s. Der
Strahlmitteldurchsatz liegt somit bei $\dot{m}_p$ = 0,8 kg/min (s. Bild
4.3).

Die Strahlzeiten für alle Versuche wurden so gewählt, daß sich deutlich meßbare Gestaltänderungen an der Probe zeigten. Wegen des größeren Verschleißes sind sie bei Glas kürzer als bei Stahl (s. Abs. 4.1.5.2).

Nach den Strahlversuchen wurden die Probenkonturen in der Hauptverschleißebene mit einem elektrischen Meßtaster vermessen und die Koordinaten gespeichert. Die Meßvorrichtung zeigt Bild 4.16.

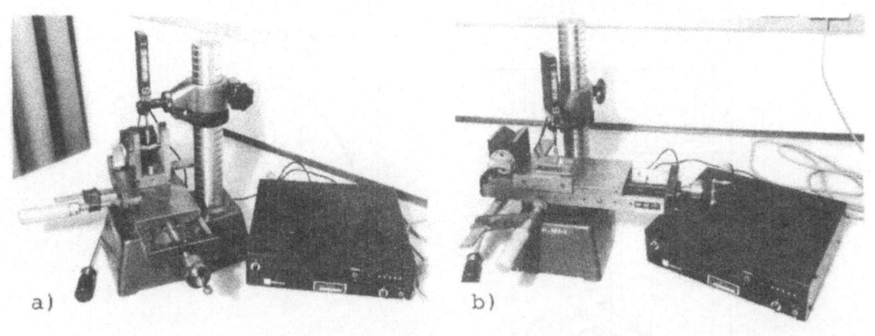

Bild 4.16:   Vorrichtung zur Messung der Gestaltänderung
             a) des Rundprofils, b) der Mulden.

Parallel zu den Laborversuchen werden die Gestaltänderungen berechnet. Der Rechensimulation liegen folgende Daten zugrunde:

Die Profilkontur des Rundprofils und der Mulde wird mit 36 Punkten angenähert. Die Rechenwerte der bezogenen örtlichen Partikelgeschwindigkeit $c_{pr}^+(x)$ enthält Tabelle 4.2, die der bezogenen örtlichen Partikelkonzentration $c_{pr}^+(x)$ Tabelle 4.3. Die Rechenwerte der verwendeten VAD's für Glas und Stahl sind in Tabelle 4.5, die der EAD's in Tabelle 4.7 enthalten. Die Anzahl der Zwischenrechnungen n_z bis zum jeweiligen Profilaufschrieb sowie die simulierte Strahlzeit t_{max} sind dem Anwendungsfall angepaßt. Die Berechnung der Gestaltänderung erfolgt gemäß der Vorgehensweise in Kapitel 3.

4.2.2 Gestaltänderung am Rundprofil

Liegt ein Rundstab mit seiner Längsachse senkrecht zur Flugbahn
der Partikeln im Strahlbereich, so ändert sich, abhängig von den
Einflußgrößen, sein anfangs kreisförmiges Profil infolge Strahlverschleiß (Bild 4.17). Diese Profiländerung soll hier im Versuch und durch theoretische Berechnungen, mit Hilfe des entwickelten Verfahrens (Kap. 3), in Abhängigkeit von der Zeit betrachtet werden.

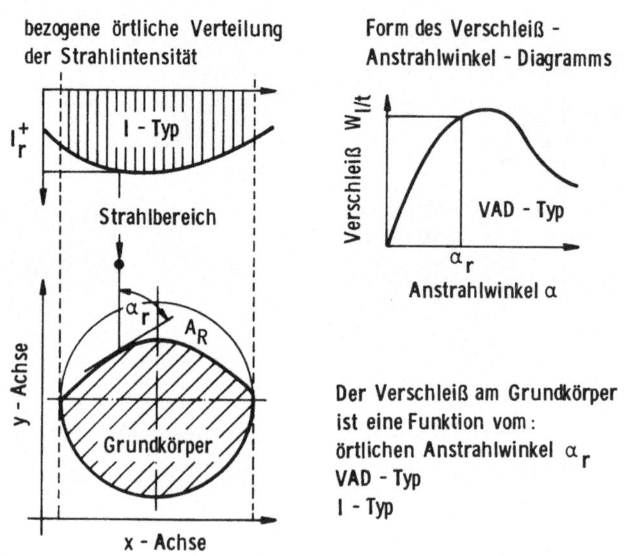

Bild 4.17: Schematische Darstellung der Einflußgrößen auf den
Strahlverschleiß am Rundprofil.

Unter den Versuchsbedingungen in Abschnitt 4.2.1 wurden drei
Glasproben und vier Stahlproben bestrahlt. Die Strahlzeit bei
Glas betrug Δt_s = 1.5, 3 und 3.5 min bei Stahl Δt_s = 20, 40,
60 und 80 min. Die jeweils verbleibende Profilkontur zeigt Bild
4.18. Jeder Punkt der gestrichelten Linie stellt einen Meßpunkt
mit einem Abstand von 0,25 mm dar. Zum Vergleich sind die mit
dem Rechenverfahren ermittelten Profilkonturen als durchgezogene
Linien dargestellt. Zwischen jeder dokumentierten Schicht liegen

bei Glas drei und bei Stahl vier Zwischenrechnungen. Der Zeitschritt der Zwischenrechnung beträgt bei Glas Δt = 30 und bei
Stahl Δt = 300 s. Der dokumentierte zeitliche Schichtabstand
beträgt somit bei Glas Δt_s = 1,5 min und bei Stahl Δt_s = 20
min. Nach jeder berechneten Schicht wurden die Profilpunkte generiert. Die Rechensimulation wurde bei Glas nach neun und bei
Stahl nach sechzehn Rechengängen abgebrochen. Die simulierte
Strahlzeit stimmt so mit der experimentellen überein.

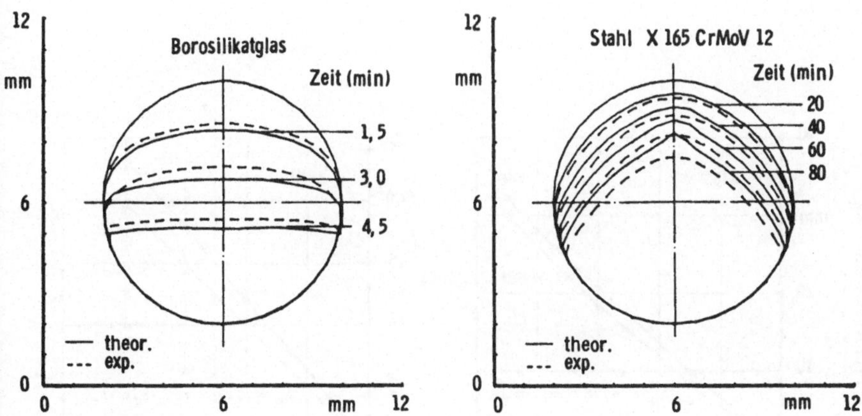

Bild 4.18:   Experimentell und rechnerisch ermittelte Gestaltänderung am Rundprofil infolge Strahlverschleiß bei
Glas und Stahl.

Die runden Proben verändern ihre Gestalt unterschiedlich. Glas
flacht ab, während bei Stahl ein dachförmiges Profil entsteht.
Da bei beiden Probenwerkstoffen das gleiche Strömungsprofil der
Partikeln vorliegt, läßt sich die Gestaltänderung mit der unterschiedlichen Verschleiß-Anstrahlwinkel-Charakteristik der VAD's
erklären.
Das Verschleißmaximum bei Glas wird bei α_{max} = 90° erreicht und
somit stellt sich eine vorwiegend senkrecht zur Strahlrichtung
ausgebildete Prallfläche ein. Bei Stahl dagegen liegt das Verschleißmaximum bei α_{max} = 60°. Das entstehende Profil ist dach-

förmig ausgebildet. Die Profilflanken weisen zur Strahlrichtung vorwiegend Winkel von 50° bis 60° auf. Wegen der größeren Intensität in der Mitte des Strahls verschleißen diese Bezirke zudem etwas stärker. Vergleicht man die errechneten mit den gemessenen Profilkonturen, so kann eine gute Übereinstimmung festgestellt werden. Bei Stahl verschlechtert sich die Konturtreue zu größeren Strahlzeiten hin. Besonders die Spitze des Dachprofils wird etwas verzerrt wiedergegeben. Dieser Profilbereich wird nur durch drei bis fünf Liniensegmente beschrieben. Die Grenze des Anwendungsbereiches der Rechenmethode ist hier erreicht (s. Abs. 3.2.4).

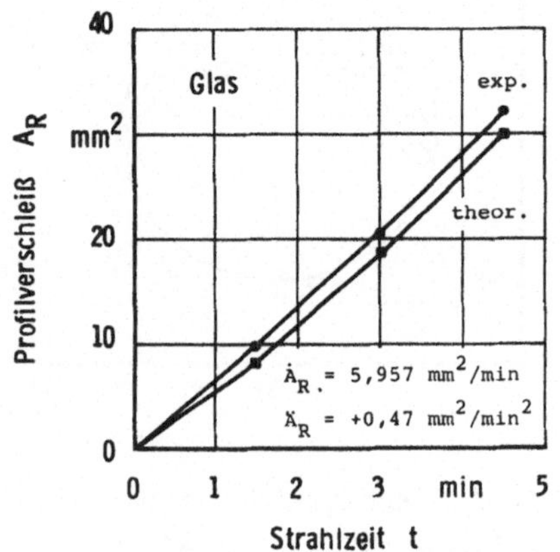

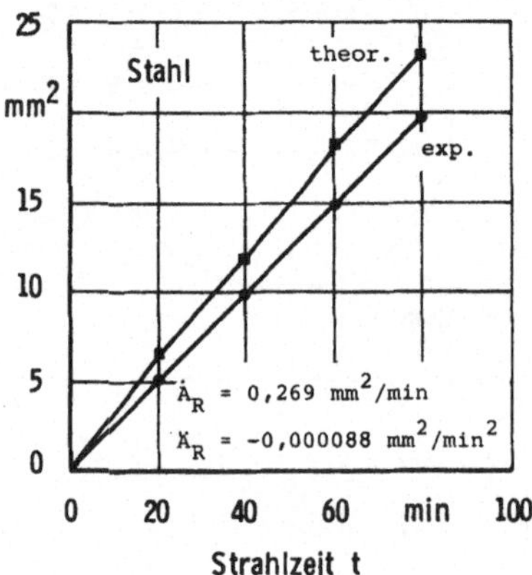

Bild 4.19: Profilverschleiß A_R am Rundprofil in Abhängigkeit der Strahlzeit für Glas und Stahl.

In Bild 4.19 ist der Flächenverschleiß A_R in Abhängigkeit der Zeit aufgetragen. Der Ausgleichskurve liegt ein Polynom der allgemeinen Form

$$y = a + bt + ct^2 \tag{4.9}$$

zugrunde. Mittels einer Regressionsanalyse wurden folgende Gleichungen ermittelt:

für Glas

$$A_R = -0{,}720000 + 5{,}956667\,t + 0{,}235556\,t^2 \quad (0 \leq t \leq 4{,}5 \text{ min}),$$

$$(4.10)$$

und für Stahl

$$A_R = -0{,}037500 + 0{,}269825\,t - 0{,}000044\,t^2 \quad (0 \leq t \leq 80 \text{ min}).$$

$$(4.11)$$

Aus Gründen der unvermeidbaren Meßungenauigkeit, der geringen Meßpunktzahl und eventueller Anlaufvorgänge gehen die Kurven nicht in den Nullpunkt ($a \neq 0$).

Mit der ersten Ableitung der Gl. 4.9 bzw. 4.10 und 4.11 kann die Geschwindigkeit berechnet werden, mit welcher der Flächenverschleiß A_R zunimmt. Die allgemeine Form ist:

$$\dot{y} = b + 2ct.$$

$$(4.12)$$

Für kleine Zeiten ($t \to 0$) gibt der Faktor b die Verschleißgeschwindigkeit $\dot{A}_R$ an. Sie ist bei Glas rd. 22 mal höher als bei Stahl.

Durch nochmaliges Ableiten der Gl. 4.12 kann die Verschleißbeschleunigung $\ddot{A}_R$ angegeben werden, jene Geschwindigkeit, mit der sich $\dot{A}_R$ ändert. Die allgemeine Form ist:

$$\ddot{y} = 2c.$$

$$(4.13)$$

Die Richtung des Kurvenanstiegs wird durch das Vorzeichen des Faktors c wiedergegeben. Während bei Glas mit zunehmender Strahlzeit der Verschleiß progressiv ansteigt ($+c$), fällt er bei Stahl leicht degressiv ab ($-c$). Bei der Glasprobe bildet sich im Laufe der Zeit eine Prallfläche aus, bis zu deren endgültiger Gestalt die örtlichen Anstrahlwinkel laufend größer werden und dadurch die Verschleißgeschwindigkeit ansteigt.

Bei Betrachtung der Kurvenpunkte in Bild 4.19 wurde für Glas ein etwas zu hoher Verschleiß mit rd. $+12\%$ und für Stahl ein etwas zu niedriger Verschleiß mit rd. -15% vom gemessenen Profil errechnet.

4.2.3 Muldenbildung an der ebenen Platte

Mit den Versuchsbedingungen in Abschnitt 4.2.1 wurden ebene
Platten bis zur Muldenbildung bestrahlt. Die zeitliche Ausbildung der Muldenform ist abhängig von verschiedenen Einflußgrös-
sen, die hier durch Versuche und theoretische Berechnungen betrachtet werden sollen (Bild 4.20).

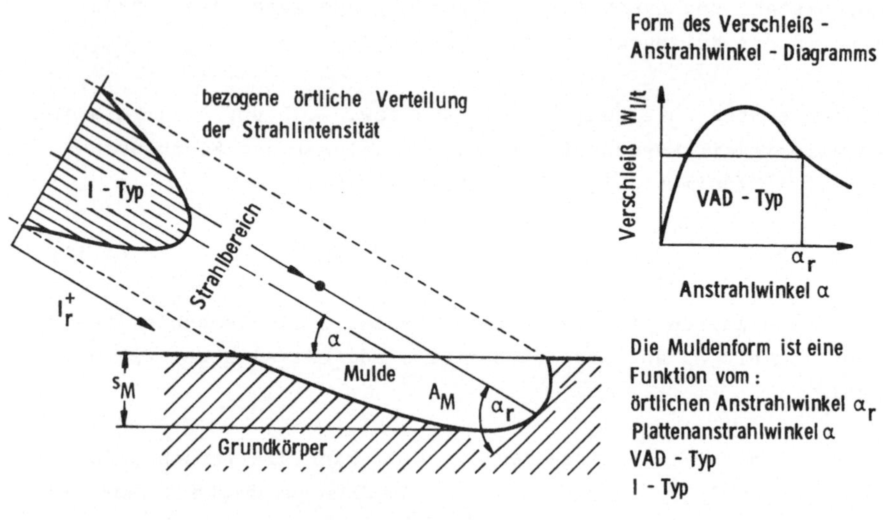

Bild 4.20:   Schematische Darstellung der Einflußgrößen auf den
             Strahlverschleiß an der ebenen Platte bis zur Mul-
             denbildung.

Die Strahlzeit wurde in Vorversuchen so festgelegt, daß es zu
einer ausgeprägten Muldenbildung kommt. Sie beträgt bei Glas
t = 7,5 bis 30 min, in Schritten von Δt_s = 7,5 min und bei
Stahl t = 150 bis 600 min in Schritten von Δt_s = 150 min. Nach
den Strahlversuchen wurden die Mulden in der Hauptverschleißebene in Abständen von 1 mm gemessen.

Die Formen der Mulden für verschiedene Plattenanstrahlwinkel α
zeigt Bild 4.21. Die gemessenen Konturen sind als gestrichelte

Linien dargestellt; die errechneten als durchgezogene Linien.
Trotz gleicher Strahlcharakteristik ergeben sich verschiedene
Muldenformen bei Glas und Stahl unter jeweils den gleichen Plat-
tenanstrahlwinkeln.

Bei der Simulationsrechnung der Mulden für Glas und für Stahl
wurde jede dokumentierte Schicht mit drei Zwischenrechnungen berechnet. Der zeitliche Abstand jeder Zwischenrechnung beträgt
bei Glas $\Delta t = 2,5$ min und bei Stahl $\Delta t = 50$ min. Der Abstand
der dokumentierten Schichten beträgt somit bei Glas $\Delta t_s = 7,5$
min und bei Stahl $\Delta t_s = 150$ min. Die simulierten Versuchszeiten
stimmen so mit den experimentellen Versuchszeiten überein. Die
Profilpunkte jeder errechneten Zwischenschicht wurden generiert.
Als zustandsbeschreibende Kenndaten dienen der Muldenverschleiß
A_M und die Muldentiefe s_M.

Vergleicht man zunächst nur die Muldenformen der errechneten
mit den gemessenen Profilen in Bild 4.21, so kann eine Übereinstimmung mit den realen Verhältnissen festgestellt werden. Die
Entwicklung der Mulde bei einem Plattenanstrahlwinkel von $\alpha = 90^{\circ}$
geht bei Glas mehr in die Tiefe, bei Stahl dagegen mehr in die
Breite. Ebenso ist es beim Anstrahlwinkel $\alpha = 60^{\circ}$. Es bildet
sich im Laufe der Zeit bei Glas ein eher spitzer und bei Stahl
ein flacher Muldenboden aus. Diese Formen lassen sich mit Hilfe
der zugehörigen VAD's erklären (s.Bild 4.12). Glas weist bei
hohen Anstrahlwinkeln einen hohen Verschleiß auf. Bei jedem
kleineren Anstrahlwinkel ist auch der Verschleiß geringer. Deshalb geht das Wachstum der Mulde in die Tiefe. Stahl dagegen
weist bei $\alpha = 60^{\circ}$ den höchsten Verschleiß auf. Die Mulden verschleißen eher am Rande, da die Flächenelemente dieser Bezirke
jene Anstrahlwinkel aufweisen, unter denen der Verschleiß ein
Maximum besitzt.
Bei dem flachen Anstrahlwinkel $\alpha = 30^{\circ}$ bildet sich bei Glas nur
eine sehr flache Mulde aus. Bis zu Winkeln von 30° steigt der
Verschleiß im VAD nur sehr allmählich an. Die Mulde hat deshalb
das Bestreben, eher in die Länge als in die Tiefe zu wachsen,
da sich am Muldenboden eine leichte Prallfront ausbildet, wie
die letzte Profilschicht bei $t = 30$ min zeigt. Mit dem Rechen-

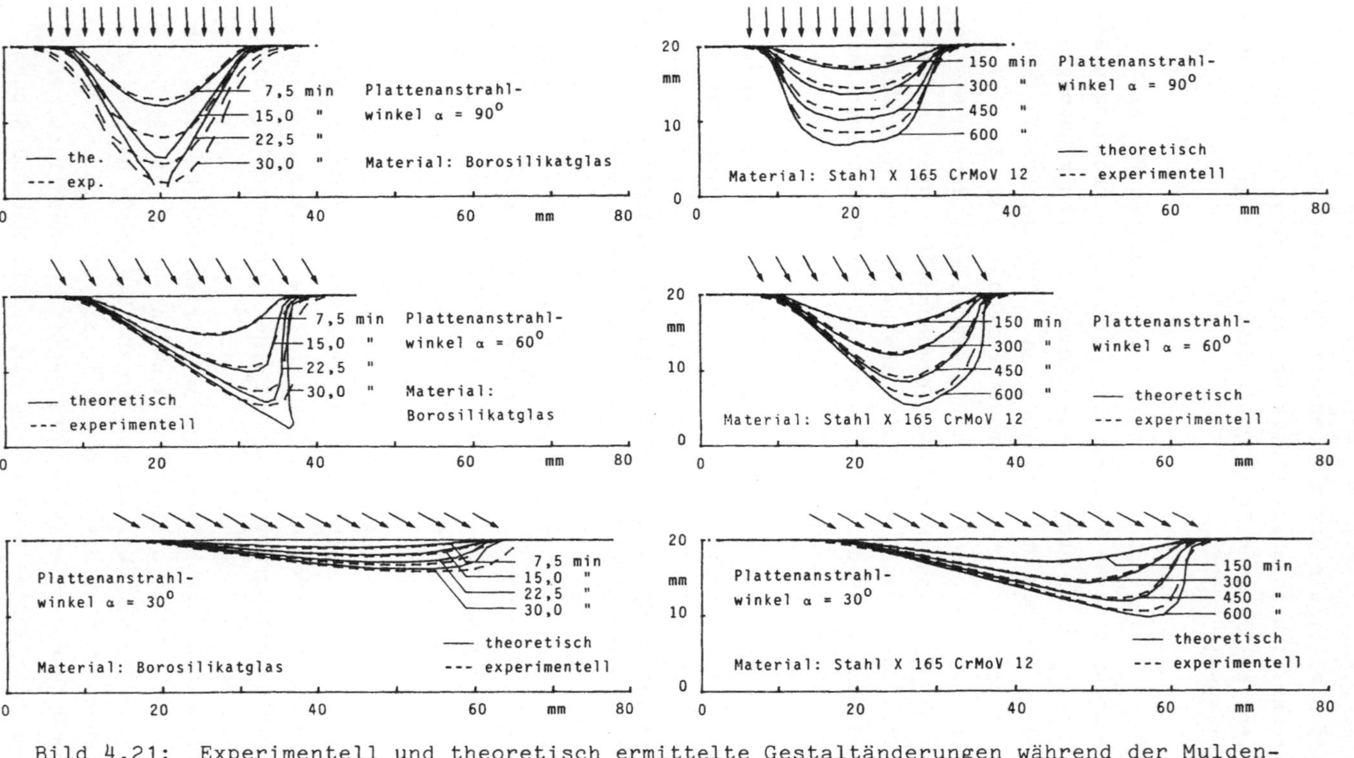

Bild 4.21:   Experimentell und theoretisch ermittelte Gestaltänderungen während der Muldenbildung an der ebenen Platte infolge Strahlverschleiß bei Borosilikatglas und Stahl.

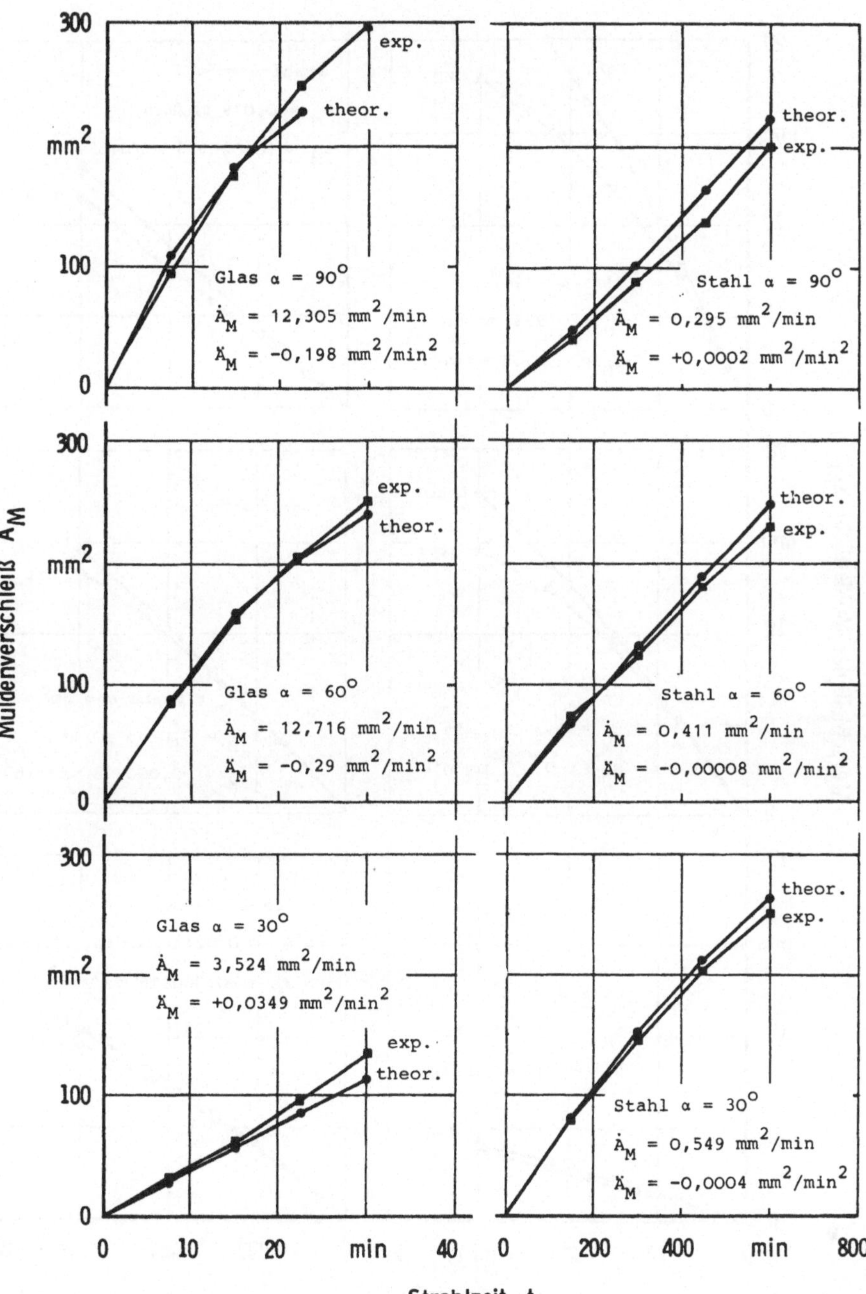

Bild 4.22: Muldenverschleiß A_M in Abhängigkeit der Strahlzeit und des Plattenanstrahlwinkels für Borosilikatglas und Stahl.

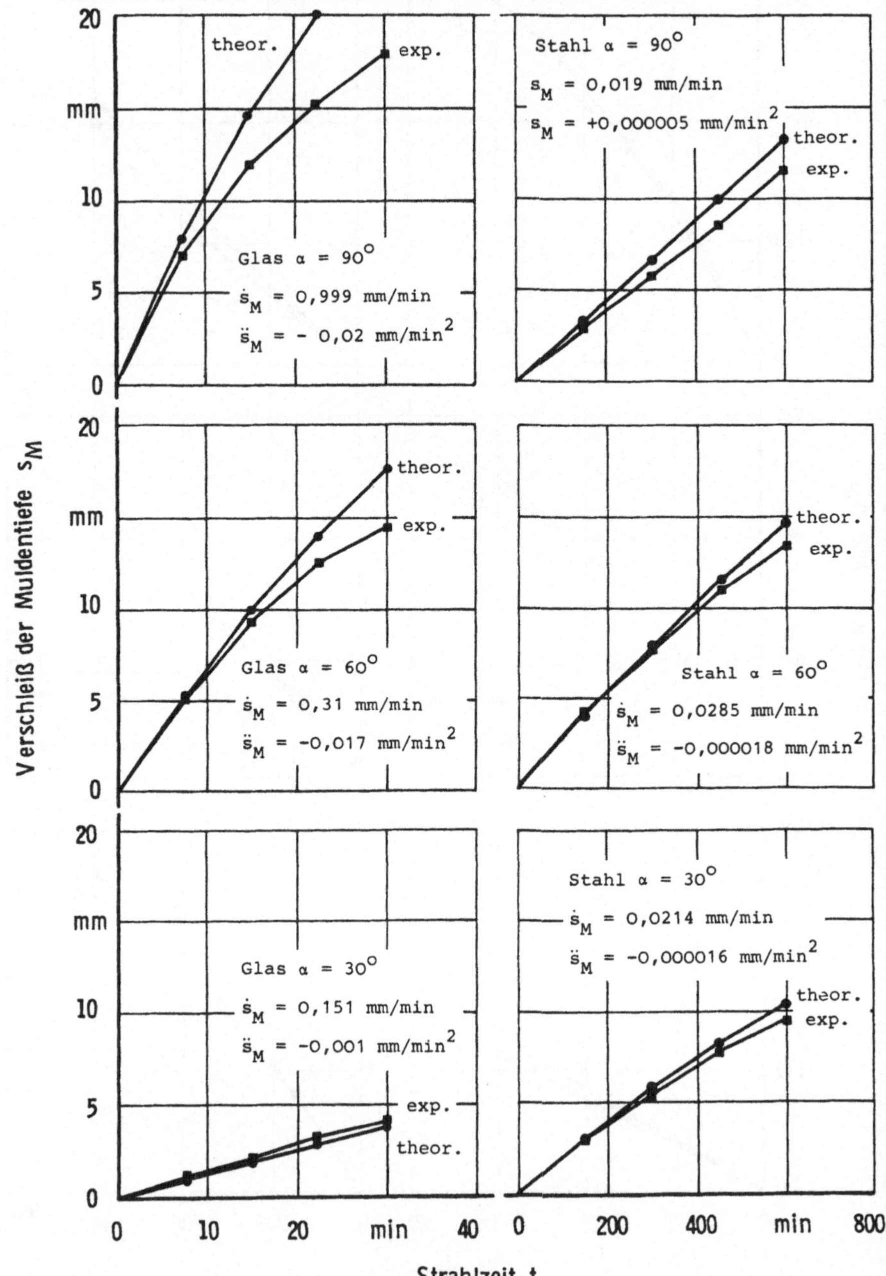

Bild 4.23: Verschleiß der Muldentiefe s_M in Abhängigkeit der Strahlzeit und des Plattenanstrahlwinkels für Borosilikatglas und Stahl.

verfahren kann dieser Effekt nicht nachvollzogen werden, da die rechnerische Strahlbreite begrenzt ist und der Verschleiß durch reflektierende Partikeln nicht berücksichtigt wird (s. Kap. 3). Letzterer Punkte dürfte auch die Ursache dafür sein, daß bei Glas und den Anstrahlwinkeln α = 90° und 60° die Abweichung der errechneten Muldenform zum Teil erheblich von der gemessenen abweicht.

Beobachtungen von Huwald /57/ in Gegenstrahlmühlen zeigten in der Umlenkzone verschiedene Formen der Muldenbildung. Bei relativ weichen Werkstoffen ist die Muldenbildung im Strahlbereich ausgeprägt. Bei harten Werkstoffen dagegen zieht sie sich in die Länge und ragt weit aus dem Strahlbereich heraus. Die Partikeln gleiten entlang der Muldenkontur, ohne noch einmal aufzuprallen. Offensichtlich stimmen die Rückprallwinkel bei harten und weichen Werkstoffen nicht überein. Zum Schräg- oder Prallstrahlverschleiß überlagert sich ein Gleitstrahlverschleiß, der die längere Muldenbildung außerhalb des Strahlbereiches bewirkt. Dieser Effekt kann mit der Rechnung ebenfalls nicht berücksichtigt werden.

Das Wachstum des Muldenverschleißes A_M in Abhängigkeit der Strahlzeit t zeigt Bild 4.22. Je nach dem Plattenanstrahlwinkel kann ein progressiv ansteigender oder ein degressiv abfallender Kurvenverlauf festgestellt werden. Gleiches gilt für die Muldentiefe s_M, die in Bild 4.23 in Abhängigkeit der Zeit dargestellt ist.
Den Ausgleichskurven liegt ein Polynom der allgemeinen Form in Gl. 4.9 zugrunde. Die Kurvengleichungen wurden durch eine Regressionsanalyse ermittelt und sind in Tabelle 4.8 enthalten.

Durch die Meßunsicherheit und eventuelle Anlaufvorgänge gehen die Ausgleichskurven nicht vom Nullpunkt aus (a $\neq$ 0). Mit der ersten Ableitung (Gl. 4.12) der Kurvengleichungen erhält man die Verschleißgeschwindigkeit $\dot{A}_M$ bzw. $\dot{s}_M$, die für kleine Zeiten mit dem Faktor b übereinstimmt. Durch zweimaliges Ableiten (Gl. 4.13) der Kurvengleichungen erhält man die Verschleißbeschleunigung $\ddot{A}_M$ bzw. $\ddot{s}_M$. Das Vorzeichen von c zeigt mit + einen progressiv ansteigenden und mit - einen degressiv abfallenden Kurvenverlauf an.

Ein Vergleich der Zahlenwerte der Gleichungen untereinander gibt folgendes Ergebnis:
Die Verschleißgeschwindigkeiten A_M und s_M (Faktor b), die für Glas erwartungsgemäß höher als die von Stahl sind, sind vom Plattenanstrahlwinkel α abhängig. Für Glas erhöht sich $\dot{A}_M$ und $\dot{s}_M$ von $\alpha = 30°$ zu $\alpha = 90°$. Bei Stahl ist es umgekehrt und begründet sich durch die unterschiedliche Verschleiß-Anstrahlwinkel-Charakteristik im VAD (s. Bild 4.12).

		Muldenverschleiß A_M		
Werk-stoff	Anstrahl-winkel	$y =$	$a +$ $b\,x +$	$c\,x^2$
Glas	$30°$	$A_M = 1{,}888750 + 3{,}524767\,t + 0{,}017489\,t^2$		
	$60°$	$A_M = -4{,}506250 + 12{,}716167\,t - 0{,}145578\,t^2$		
	$90°$	$A_M = 16{,}231429 + 12{,}305270\,t - 0{,}098866\,t^2$		
Stahl	$30°$	$A_M = 2{,}122500 + 0{,}549130\,t - 0{,}000206\,t^2$		
	$60°$	$A_M = 7{,}166250 + 0{,}411668\,t - 0{,}000040\,t^2$		
	$90°$	$A_M = 1{,}873750 + 0{,}295022\,t + 0{,}000103\,t^2$		
		Muldentiefe s_M		
Glas	$30°$	$s_M = -0{,}051250 + 0{,}151100\,t - 0{,}000511\,t^2$		
	$60°$	$s_M = -0{,}502500 + 0{,}310133\,t - 0{,}008622\,t^2$		
	$90°$	$s_M = 0{,}553750 + 0{,}999033\,t - 0{,}010067\,t^2$		
Stahl	$30°$	$s_M = -0{,}045625 + 0{,}021468\,t - 0{,}000008\,t^2$		
	$60°$	$s_M = 0{,}083750 + 0{,}028572\,t - 0{,}000009\,t^2$		
	$90°$	$s_M = 0{,}108750 + 0{,}019452\,t + 0{,}000002\,t^2$		

Tabelle 4.8: Gleichungen der Kurven in Bild 4.22 und 4.23.

Die Verschleißbeschleunigungen $\ddot{A}_M$ und $\ddot{s}_M$ (Faktor c) haben verschiedene absolute Größen. Sie nehmen bei Glas die höchsten Werte an. Von größerer Bedeutung sind jedoch die Vorzeichen. Während bei Glas und $\alpha = 90°$ die Verschleißgeschwindigkeit $\dot{A}_M$ degressiv ansteigt (-c), hat der Kurvenanstieg bei Stahl progressiven Charakter (+c). Bei dem Plattenanstrahlwinkel $\alpha = 30°$ ist es umgekehrt. Die Verschleißbeschleunigung $\ddot{s}_M$ der Muldentiefe ist bis auf einen Fall, bei Stahl und $\alpha = 90^{\circ}$, degressiv (-c).

Vergleicht man die errechneten Kurvenpunkte von A_M und s_M in
Bild 4.22 und 4.23 mit den gemessenen, so treten zwar Abweichungen auf, doch werden die Anstiegsrichtungen der Kurven richtig
wiedergegeben. Im allgemeinen sind die Abweichungen von den gemessenen Punkten bei Stahl kleiner als die bei Glas. So beträgt
die Abweichung bei Stahl für die Muldentiefe s_M rd. 14% und bei
Glas rd. 30%. Die gemessenen Muldentiefen sind meist kleiner als
die errechneten.

Zusammenfassend kann festgestellt werden, daß die Gestaltänderung strahlverschleißbeanspruchter Bauteile mit dem entwickelten Verfahren berechnet werden kann. Beim Rundprofil (s. Abs.
4.2.2) und bei der Muldenbildung stimmt die Gestaltänderung mit
zunehmender Zeit mit den realen Bedingungen überein. Von der
Profilform abgeleitete Verschleißgrößen (A_R, A_M und s_M) wurden
in Abhängigkeit der Zeit, dem Kurvenverlauf nach, annähernd
wiedergegeben. Bei einer quantitativen Betrachtung müssen Fehler
toleriert werden.

4.2.4 Fehlerrechnung

Die Abweichungen der errechneten Profilform läßt sich visuell
durch den Vergleich mit der gemessenen Profilform abschätzen
(Bild 4.18 und 4.21). Zahlenmäßige Angaben lassen sich dadurch
jedoch nicht ableiten. Verursacht wird die Abweichung einerseits
von der zugrundeliegenden Rechenmethode (s. Abs. 3.2.4), anderseits von der fehlerbehafteten Berechnung der einzelnen Profilpunkte jeder zeitlichen Zwischenschicht. Der Abstand von
einer zur anderen Zwischenschicht ergibt sich durch die Beträge
und Abtragsrichtungen der einzelnen örtlichen Verschleißgrößen
$W_{lr}(\alpha)$ vom Endpunkt eines Liniensegmentes aus. Der Fehler, der
durch die Berechnung von $W_{lr}(\alpha)$ nach Gl. 3.14 mit fünf fehlerbehafteten Rechengrößen entsteht und an jedem Profilpunkt durchgeführt wird, läßt sich durch eine Fehlerrechnung abschätzen.

Setzt man voraus, daß die Fehler aller in die Rechnung eingehenden Größen einer Normalverteilung entstammen, so gilt für jede einzelne Rechengröße allgemein das Resultat aus Mittelwert und zugehörigem Standardfehler /74/

$$\bar{x} \pm s. \tag{4.14}$$

Somit ist auch das Ergebnis einer Rechenoperation $F(\bar{x}_1, \bar{x}_2, \ldots)$ mit fehlerbehafteten Rechengrößen fehlerbehaftet. Nach dem Fehlerfortpflanzungsgesetz wird der Gesamtfehler s_{ges} aus den Fehlereinflüssen nach dem pythagoräischen Lehrsatz wie folgt addiert /75/:

$$s_{ges} = \sqrt{(\frac{\partial F}{\partial \bar{x}_1} s_1)^2 + (\frac{\partial F}{\partial \bar{x}_2} s_2)^2 + \ldots + (\frac{\partial F}{\partial \bar{x}_n} s_n)^2} \tag{4.15}$$

Bezeichnet man die zugehörigen Standardfehler der Rechengrößen in

$$W_{lr}(\alpha_r) = c_{pr}^{+} \cdot v_{pr}^{+ \; n_v(\alpha_r)+1} \cdot W_{l/t}(\alpha_r) \cdot \Delta t \tag{4.16}$$

mit s_i, wobei der Index i den Fehler der jeweiligen Rechengröße bezeichnet, so berechnet sich der gesamte Fehler $s_{W_{lr}}$ an jedem Liniensegment zu

$$s_{W_{lr}} = \sqrt{\begin{aligned}&(\frac{\partial W_{lr}}{\partial c_{pr}^{+}} s_{c_{pr}^{+}})^2 + (\frac{\partial W_{lr}}{\partial v_{pr}^{+}} s_{v_{pr}^{+}})^2 + (\frac{\partial W_{lr}}{\partial n_v} s_{n_v})^2 \\ &+ (\frac{\partial W_{lr}}{\partial W_{l/t}} s_{W_{l/t}})^2 + (\frac{\partial W_{lr}}{\partial \Delta t} s_{\Delta t})^2\end{aligned}} \tag{4.17}$$

Die einzelnen Glieder berechnen sich zu:

$$\frac{\partial W_{lr}}{\partial c_{pr}^{+}} = v_{pr}^{+ \; n_v(\alpha_r)+1} \cdot W_{l/t}(\alpha_r) \cdot \Delta t \tag{4.18.1}$$

$$\frac{\partial W_{lr}}{\partial v_{pr}^{+}} = c_{pr}^{+} \cdot (n_v(\alpha_r)+1) \cdot v_{pr}^{+\,n_v(\alpha_r)} \cdot W_{l/t}(\alpha_r) \cdot \Delta t \qquad (4.18.2)$$

$$\frac{\partial W_{lr}}{\partial n_v} = c_{pr}^{+} \cdot v_{pr}^{+\,n_v(\alpha_r)+1} \cdot \ln(v_{pr}^{+}) \cdot W_{l/t}(\alpha_r) \cdot \Delta t \qquad (4.18.3)$$

$$\frac{\partial W_{lr}}{\partial W_{l/t}} = c_{pr}^{+} \cdot v_{pr}^{+\,n_v(\alpha_r)+1} \cdot \Delta t \qquad (4.18.4)$$

$$\frac{\partial W_{lr}}{\partial \Delta t} = c_{pr}^{+} \cdot v_{pr}^{+\,n_v(\alpha_r)+1} \cdot W_{l/t}(\alpha_r) \qquad (4.18.5)$$

Die Abschätzung der einzelnen Fehler ist recht schwierig, da
sich ihre Rechengrößen aus fehlerbehafteten Meßgrößen und aus
zahlreichen Rechenoperationen zusammensetzen. Dies gilt besonders, wenn Rechengrößen aus Kennlinien entnommen werden. Zudem
müßte unterschieden werden, für welchen örtlichen Anstrahlwinkel α_r die Fehlerrechnung durchgeführt werden soll. Wegen dieser
Komplexität können die Einzelfehler s_i in Gl. 4.17 nur abgeschätzt werden.

In Bild 4.24 wurde der prozentuale Gesamtfehler $s_{W_{lr}}$ auf der Basis folgender Werte berechnet:

$$c_{pr}^{+} = 2{,}8, \quad v_{pr}^{+} = 1{,}2, \quad n_v(\alpha) = 4 \quad \text{und} \quad W_{l/t}(\alpha) = 100 \ \mu m/min.$$

Der Zeitschritt wird dabei von $\Delta t = 0$ bis 600 min variiert und
jeder Einzelfehler von $s_i = 0$ bis 10% gesteigert. Der prozentuale Gesamtfehler $s_{W_{lr}}$ steigt dabei in Richtung der Zeit leicht
progressiv, in Richtung der prozentualen Einzelfehler s_i jedoch
linear an. Nach $\Delta t = 600$ min und einem Fehler jeder Rechengrös-
se von $s_i = 10\%$ beträgt der Gesamtfehler $s_{W_{lr}} = 52\%$.

Da der Gesamtfehler für jeden Zeitschritt Δt linear in Richtung
des Einzelfehlers s_i ansteigt, kann durch das Ausmessen der
Steigung leicht der Gesamtfehler für größere Einzelfehler ermit-

telt werden. So steigt der Gesamtfehler auf rd. 100% an, wenn
jeder Einzelfehler rd. 20% beträgt.

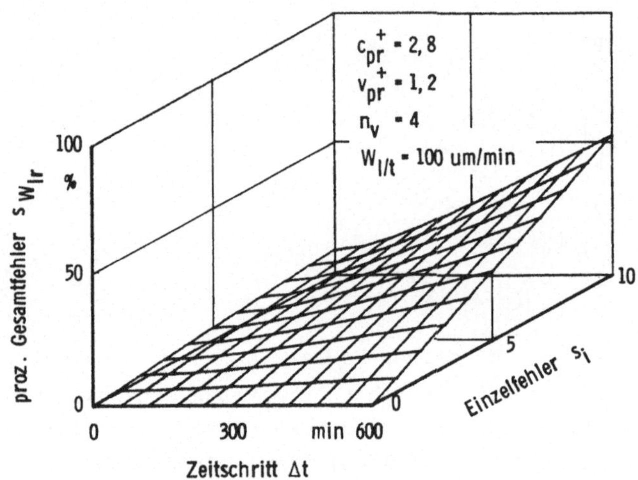

Bild 4.24:   Prozentualer Gesamtfehler in Abhängigkeit vom Zeit-
             schritt und der Einzelfehler bei der Verschleiß-
             rechnung am Profilsegment.

Die Wirkung jedes einzelnen Fehlers s_i zeigt Bild 4.25. Es liegen die oben angegebenen Zahlenwerte zugrunde. Es wurde immer
ein Fehler s_i mit 10% und die anderen Fehler mit 0% angenommen.
So zeigt sich die unterschiedliche Wirkung jedes Einzelfehlers.

Bis zum Zeitschritt Δt = 600 min würde demnach ein alleiniger
Fehler der linearen Verschleißgeschwindigkeit $W_{l/t}$ oder der bezogenen örtlichen Partikelkonzentration c_{pr}^{+} das Gesamtergebnis
mit rd. 9,5% beeinflussen. Einen geringeren Einfluß hat ein
10%-iger Fehler des Exponenten n_v. Der Gesamtfehler $s_{W_{lr}}$ würde
sich nach Δt = 600 min auf nur rd. 7% belaufen. Erst bei einem
50%-igen Fehler wächst der Gesamtfehler auf rd. 36% an. Den erwartungsgemäß größten Einfluß hat ein Fehler der bezogenen örtlichen Partikelgeschwindigkeit v_{pr}^{+}. Durch die Fehlerfortpflan-
zung steigert sich der Gesamtfehler auf 49% bei einem nur

10%-igen Fehler von v_{pr}^{+}. Ein 10%-iger Fehler des Zeitschrittes
Δt beeinflußt des Gesamtergebnis immer nur mit 10%.

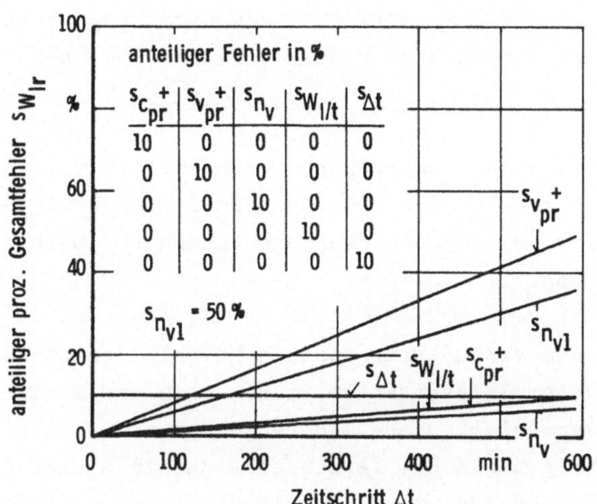

$s_{c_{pr}}^{+}$	$s_{v_{pr}}^{+}$	s_{n_v}	$s_{W_{l/t}}$	$s_{\Delta t}$
10	0	0	0	0
0	10	0	0	0
0	0	10	0	0
0	0	0	10	0
0	0	0	0	10

Bild 4.25: Einfluß der Einzelfehler auf den Gesamtfehler bei
der Verschleißrechnung am Profilsegment.

Mit der Fehlerbetrachtung ist eine Möglichkeit gegeben, die Grös-
senordnung der Fehler abzuschätzen und es wird deutlich, welchen
großen Einfluß die fehlerbehafteten Rechengrößen bei der Verschleißberechnung auf der Basis der Kennlinien und Meßgrößen
auf das Ergebnis haben.

Im simulierten Betrachtungszeitraum sind die Abweichungen von
der Muldenform, beim Vergleich einzelner errechneter Profilpunkte von dazugehörigen, gemessenen Profilpunkten sowie die Abweichungen des Muldenverschleißes A_M und der Muldentiefe s_M, kleiner als 50%. Die Einzelfehler s_i der fünf Einflußgrößen zur Berechnung des örtlichen Verschleißes $W_{lr}(\alpha_r)$ sind somit im Mittel
kleiner als 10%.

4.2.5 Abschätzung anderer Fehlereinflüsse

Es gibt eine Vielzahl von Einflußgrößen (s. Kap. 2), die nicht
oder rechnerisch nur schwer zu erfassen sind und bei denen die
Wirkung auf das Verschleißergebnis wegen der gegenseitigen Beeinflussung und unbekannten Wechselwirkungen nicht vorausgesagt
werden kann.

Ändern sich die in den Versuchsbedingungen festgelegten Parame-
ter, mit denen die Rechengrößen und Kennlinien ermittelt werden,
so ändert sich das nach dem Rechenverfahren vorausberechnete
Verschleißergebnis.

So ist bei einem veränderten Härteverhältnis der Stoßpartner
während des Verschleißvorganges, z.B. durch ein anderes Strahlmittel, der Verschleiß nicht mehr abschätzbar, weil sich der
Verschleißbetrag sowie die Verschleiß-Anstrahlwinkel-Charakteristik ändern kann /44/.

Durch einen veränderten Strahlmitteldurchsatz $\dot{m}_p$, der jedoch die
gleiche örtliche bezogene Partikelkonzentration wie zuvor im
Strahlquerschnitt aufweist, kann der Verschleiß herauf- oder herabgesetzt werden. Das gleiche gilt für die Partikelgeschwindigkeit (s. Abs. 2.3.2 und 2.3.3).

Problematisch wird die Fehlerabschätzung, wenn die Partikeln,
wie bei der Muldenbildung an der ebenen Platte, in den Strahl
hineinreflektiert werden. Der Einfluß kann nur so abgeschätzt
werden, daß mit wachsender Muldentiefe die Verschleißgeschwindigkeit abfällt, da reflektierendes Strahlmittel den Zutritt der
neuankommenden Partikeln versperrt, deren kinetische Energie und
somit den Verschleiß mindert. Das Rechenverfahren geht davon aus,
daß die Partikeln, gleich unter welchen Winkeln sie auf die Oberfläche prallen, entsprechend dem VAD einen Verschleiß verursachen und sie dann wieder verlassen, ohne neuankommende Partikeln
zu beeinflussen. Bei flachen, örtlichen Anstrahlwinkeln nahe 0°
ist es jedoch denkbar, daß sich die Partikeln infolge von Flieh-
kräften entlang der Profilkontur bewegen und keinen Strahlver-

schleiß, sondern Gleitstrahlverschleiß verursachen. In einem
solchen Fall wird die gemessene Profilkontur von der errechneten
abweichen. Im Falle der Muldenbildung wird die Muldentiefe zu
flach und die Muldenlänge zu kurz berechnet (s. Glas bei $\alpha = 30^{\circ}$,
Bild 4.21).

Ein breites Spektrum der Partikeldurchmesser beeinflußt das Verschleißergebnis über die exponentiell eingehende Partikelgeschwindigkeit, da kleine Partikeln vom Trägermedium Luft schneller als große Partikeln beschleunigt und transportiert werden
/1/. Wenn das Trägermedium der Partikeln Luft ist, so könnte die
Partikelbahn unter Umständen, in der Umlenkzone vor dem Bauteil,
von der Geraden abweichen und es treten andere Anstrahlwinkel
auf, als sich durch die vorgegebene Anordnung des Strahls zur
Oberflächenkontur berechnen läßt. Begünstigend zur Bahnabwei-
chung sind kleine Partikelgeschwindigkeiten, kleine spezifische
Partikelgewichte und kleine Massen. Abweichungen von der geraden
Flugbahn gegen ein Hindernis mit Gas als Trägermedium wurden für
Partikeldurchmesser d_p < 10 µm festgestellt /5,46,77,78/.

5 Untersuchungen zur Gestaltänderung mit fiktiven Einflußgrößen

Die zeitliche Änderung der Profilform eines durch Strahlverschleiß beanspruchten Bauteils läßt sich mit dem entwickelten
Rechenverfahren schrittweise ermitteln. Abhängig von den Einflußgrößen verändert sich der Verschleiß am Bauteil mehr oder weniger sichtbar und unterschiedlich schnell. Allgemeine Regeln der
Veränderung bestimmter Merkmale der Bauteilgeometrie lassen sich
nur in Verbindung mit der Gestalt des Bauteils selbst aufstellen
und sind nicht ohne weiteres auf andere Formen anwendbar.
Im folgenden wird das Verschleißverhalten am Rundprofil und der
Verschleiß an der ebenen Platte bis zur Muldenbildung mit verschiedenen, fiktiv vorgegebenen, Einflußgrößen simuliert. Ver-
deutlicht werden soll, welche qualitativen Gestaltänderungen bei
der Kombination verschiedener Verschleiß-Anstrahlwinkel- und
Strömungsprofil-Typen zu erwarten sind.

5.1 Berücksichtigte Einflußgrößen

Die berücksichtigten Einflußgrößen für das Rechenverfahren des
Verschleißabtrages an den zwei ausgewählten Profilformen, stel-
len fiktive Einflußgrößen dar, so daß sie einfach handhabbar
sind.

Als Verschleiß-Anstrahlwinkel-Diagramme werden drei verschiedene Typen vorgegeben. Bei allen VAD-Typen liegt das Verschleißmaximum auf gleichem Niveau, jedoch bei verschiedenen Anstrahlwinkeln (Bild 5.1). Physikalisch könnten diese Kurvenformen
durch Unterschiede der Partikelkonzentration, -geschwindigkeit,
-form oder -werkstoff bei der Versuchsdurchführung zur Erstellung des VAD's entstehen. Die drei Kurvenverläufe simulieren
das Verschleißverhalten von spröden bis duktilen Werkstoffen.
Zur Beschreibung der Kurvenformen in Bild 5.1 dient, in ihrem
rechentechnischen Aufbau der Verschleißgleichung nach Gotzmann
/33 bis 35/ ähnlich, folgende empirisch ermittelte Funktion:

$$W_{1/t}(\alpha) = a_M \; (\; a_G \cdot (\; A_1 \cdot \cos^2\alpha \cdot \sqrt{\sin\alpha} + A_2 \cdot \cos^2\alpha \cdot \sin\alpha \;)$$

Gleitstrahlanteil

$$+ \; a_P \; (\; A_3 + \frac{A_4 \cdot \sin^2\alpha \cdot \sqrt{\sin\alpha}}{1 - A_5 \cdot \sin\alpha} \;)) \; . \qquad (5.1)$$

Prallstrahlanteil

Durch die Variation der Faktoren a_M, a_G und a_P kann jeder beliebige Kurvenverlauf des VAD's als geschlossene Funktion gefaßt
werden, was für eine rechentechnische Weiterverwendung von Vor-
teil ist.

Die verwendeten Zahlenwerte zur Berechnung der VAD-Typen 1, 2
und 3 in Bild 5.1 enthält Tabelle 5.1.
Der Faktor a_M wurde so gewählt, daß alle VAD-Typen ein Verschleißmaximum von $W_{1/t,max}$ = 100 µm/min aufweisen. Dieses Maß
ist frei gewählt. Durch Variieren von a_M kann die Kurve gestaucht oder gestreckt werden und sich somit jedem Maßstab an-
passen.
Mit den Faktoren a_G und a_P läßt sich der Gleit- und Prallanteil
des Strahlverschleißes mehr oder weniger gewichten und damit der
Winkel des maximalen Verschleißes verschieben. Im vorliegenden
Fall wurden die Faktoren so gewählt, daß das Verschleißmaximum
bei α_{max} = 90° (VAD-Typ 1), 56° (VAD-Typ 2) und 37° (VAD-Typ 3)
liegt. Der Prallanteil wurde mit dem konstanten Wert a_P = 1 angenommen (s. Tabelle 5.1).

Das Intensitätsprofil der Partikelströmung wird, je nach Anwendungsfall durch vier verschiedene Strömungsintensitätsprofile
(I-Typen) vorgegeben (Bild 5.2).

Bei der Berechnung des Verschleißes am Rundprofil werden zur
Darstellung des Intensitätsprofils drei Größen berücksichtigt:
bezogene örtliche Partikelkonzentration c_{pr}^+, bezogene örtliche
Partikelgeschwindigkeit v_{pr}^+ und Geschwindigkeitsexponent

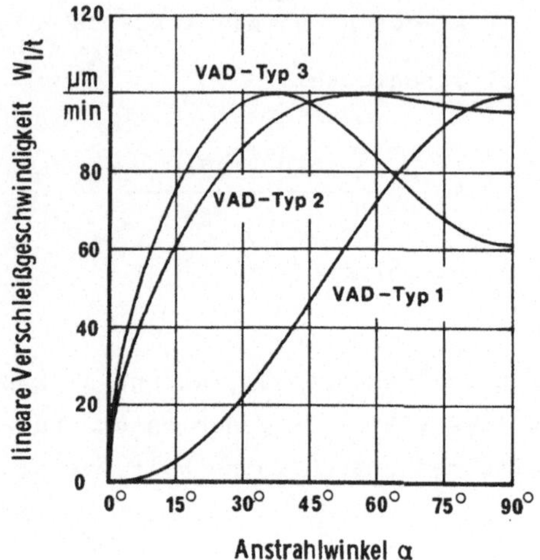

Bild 5.1: Verschleiß-Anstrahlwinkel-Diagramme (VAD) zur Simulation des Verschleißes am Rundprofil und der Muldenbildung an der ebenen Platte.

Rechengrößen	Einheit	VAD-Typ		
		1	2	3
Gewichtungsfaktor des Gleitanteils a_G	-	0	0,5	1
Gewichtungsfaktor des Prallanteils a_P	-	1	1	1
Maßstabfaktor a_M	µm/min	7,83	7,51	4,84
Winkel des maximalen Verschleißes	Grad	90	56	37
konstante Rechengrößen: A_1=28,37 A_2=6,25 A_3=8,58 A_4=3,73 A_5=0,1				

Tabelle 5.1: Zahlenwerte zur Gl. 5.1 für die Verschleiß-Anstrahlwinkel-Diagramme in Bild 5.1.

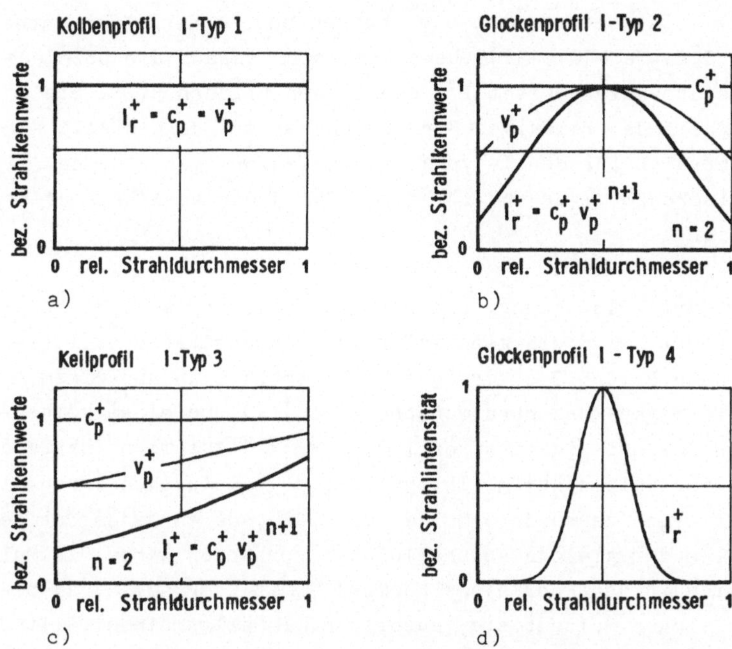

Bild 5.2: Strömungsintensitätsprofile zur Verschleißsimulation a) bis c) am Rundprofil und d) zur Muldenbildung an der ebenen Platte.

I-Typ	Gleichung	Strahlgrößen	Faktoren
1	$I_r^+ = 1$	$c_{pr}^+ = 1 \quad v_{pr}^+ = 1$	
2	$I_r^+ = (a+bx+cx^2)^n$	$c_{pr}^+ = 1$ $v_{pr}^+ = a+bx+cx^2$	a = 0 b = 1/3 c = -1/36 n = 3 $2 \leq x \leq 10$ mm
3	$I_r^+ = (a+bx)^n$	$c_{pr}^+ = 1$ $v_{pr}^+ = a+bx$	a = 0,5 b = 0,04 n = 3 $2 \leq x \leq 10$ mm
4	$I_r^+ = \dfrac{a}{b\sqrt{2\pi}} \exp\left(-\left(\dfrac{x-x_1}{b\sqrt{2}}\right)^2\right)$	$c_{pr}^+ = I_r^+$ $v_{pr}^+ = 1$	a = 1,0027 b = 4 x_1 = 20 mm $0 \leq x \leq 40$ mm

Tabelle 5.2: Gleichungen der I-Typen 1 bis 4 in Bild 5.2.

$n = n_v(\alpha) + 1$. Die verwendeten Gleichungen und Rechengrößen enthält Tabelle 5.2. Nach Gl. 3.15 berechnet sich daraus die bezogene örtliche Strahlintensität I_r^+, die in den Bildern 5.2 a bis c in Abhängigkeit des relativen Strahldurchmessers dargestellt sind. So ergibt sich für den I-Typ 1 ein kolbenförmiger, für den I-Typ 2 ein glockenförmiger und für den I-Typ 3 ein keilförmiger Profilverlauf.

Für die Partikelströmung, die zur Muldenbildung an der ebenen Platte führt, wird ein glockenförmiges Intensitätsprofil (I-Typ 4) nach Bild 5.2 d vorgegeben. Es setzt sich aus einem glockenförmigen Konzentrationsprofil $c_{pr}^+(x)$ und einem kolbenförmigen Geschwindigkeitsprofil $v_{pr}^+(x) = 1$ zusammen. Hätte der Strahl eine kolbenförmige Intensität, so könnte sich durch die Rechnung keine verrundete Mulde ausbilden, da an jedem Ort der Oberfläche der gleiche Anstrahlwinkel vorhanden wäre. Die Mulde würde sich in der Form eines Rhombus', mit über dem Strahlbereich gleicher Muldentiefe, ausbilden. Im allgemeinen fällt die Strahlintensität am Rande im Freistrahl auf Null hin ab, weil die Partikelkonzentration $c_r^+ \rightarrow 0$ verläuft.

5.2 Verschleiß am Rundprofil

Der Verschleiß am Rundprofil wird mit Hilfe des entwickelten Verfahrens unter bestimmten, fiktiv vorgegebenen, Voraussetzungen berechnet. Ergebnis ist die graphische Darstellung der Profilform mit zwischenzeitlichen Verschleißzuständen in der Hauptverschleißebene.

Systembeschreibende Kenngrößen sind das VAD, die Strahlintensität des Strömungsprofils und die Geometrie des Grundkörpers. Als VA-Diagramme dienen die VAD-Typen 1 bis 3 (Bild 5.1) und als Strömungsintensitätsprofile die I-Typen 1 bis 3 in Bild 5.2 a bis c.

Das Grundkörperprofil wird in seinem Ausgangszustand durch einen Kreis mit 36 Punkten bzw. 36 Liniensegmenten angenähert. Die rechnerische Zahlengröße für den Kreisdurchmesser beträgt

d_R = 8 mm. Experimentelle Versuche wurden mit dem gleichen
Durchmesser vorgenommen (s. Abs. 4.2).

Jede Profiländerung wurde mit einem zeitlichen Abstand von Δt
= 1 min berechnet und nach vier Zwischenrechnungen mit Δt_s =
4 min dokumentiert. Nach jeder berechneten Schicht wurden die
Profilpunkte generiert. Bei einer Simulationszeit von t_{max} =
20 min können somit fünf zwischenzeitliche Verschleißzustände
betrachtet werden. Zu jeder Schicht wurde der Flächenverschleiß
A_R in der Betrachtungsebene als eine systembeschreibende Größe
berechnet.

Die Rechenergebnisse der Profiländerung in Abhängigkeit des VAD-
Typs und des I-Typs zeigt Bild 5.3. Das einzelne Bild kann
selbst als Diagramm betrachtet werden, welches die zeitliche
Gestaltänderung unter dem jeweiligen Beanspruchungsfall wieder-
gibt.

Wird zunächst der Einfluß der Strömungsintensität betrachtet,
so zeigt sich, unabhängig vom VAD-Typ, im Falle des I-Typs 1
und 2 eine symmetrische und im Falle des I-Typs 3 eine asymmetrische Gestaltänderung.

Die Gestaltänderung in Abhängigkeit vom VAD-Typ 1, 2 und 3 und
des I-Typs 1 ist, da ein Kolbenprofil der Strömungsintensität
vorliegt, nur noch vom VAD-Typ abhängig. Der Verschleiß am Profil korreliert mit dem Winkel α_{max}, bei dem der jeweilige VAD-
Typ sein Verschleißmaximum besitzt. Beim VAD-Typ 1 liegt das
Verschleißmaximum bei α_{max} = 90°. So ist auch der Verschleiß am
Profil erwartungsgemäß an den obersten Punkten am höchsten, dort
wo die Partikeln unter ~ 90° aufprallen. Beim VAD-Typ 3 liegt
das Verschleißmaximum bei α_{max} = 37°. Unter diesem Winkel wird
am Profil bevorzugt Material abgetragen. Annähernd bildet sich
zwischen den Profilflanken ein Winkel von $2\alpha_{max}$ aus. Beim VAD-
Typ 2 ist das Verschleißmaximum nicht so gravierend ausgeprägt,
trotzdem entsteht im Laufe der Zeit ein ebenfalls dachförmiges
Profil.

Die Gestaltänderung am Rundprofil im Falle des I-Typs 2 ist an

den obersten Punkten des Kreises besonders hoch. Trotz der unterschiedlichen VAD-Typen 1 bis 3 ist der Charakter des Verschleis-
ses eher so, als handele es sich um einen spröden Werkstoff,
dessen VAD dem Typ 1 nahekommt. Wegen des glockenförmigen Intensitätsprofils würde es beim VAD-Typ 1 und dem I-Typ 2 mit zunehmender Strahlzeit zur Muldenbildung am Rundprofil kommen.

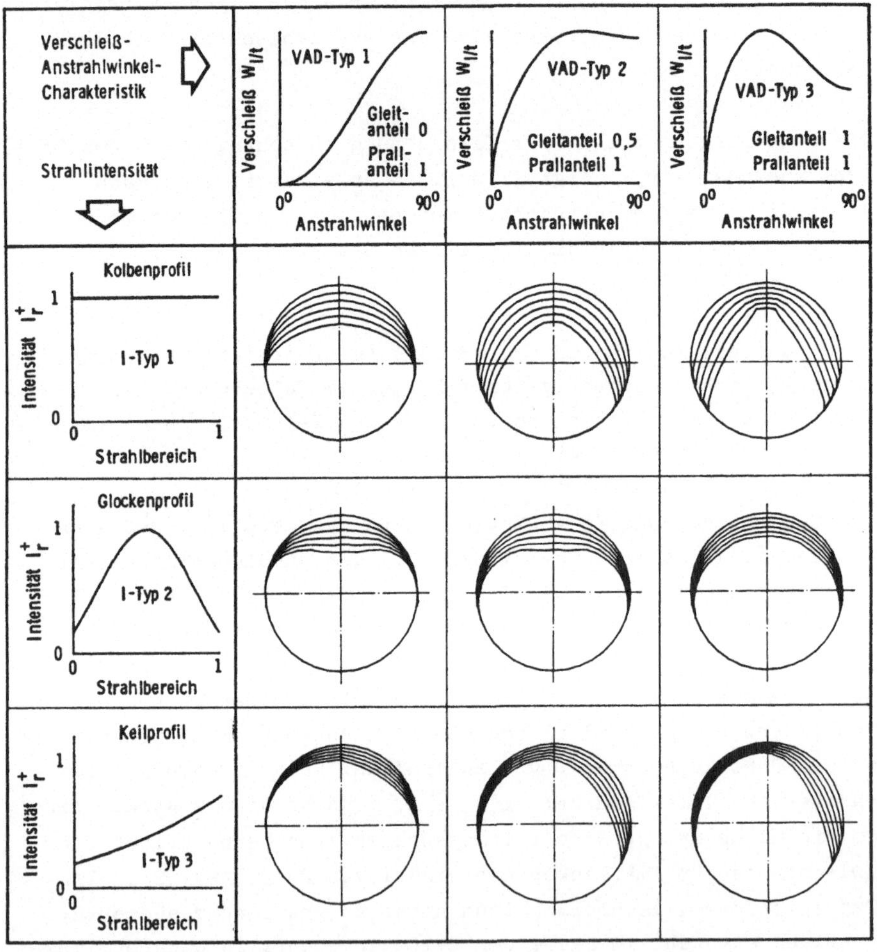

Bild 5.3: Zeitliche Entwicklung der Profilformen infolge des
           Verschleißes in Abhängigkeit der VAD-Typen 1 bis 3
           und der I-Typen 1 bis 3.

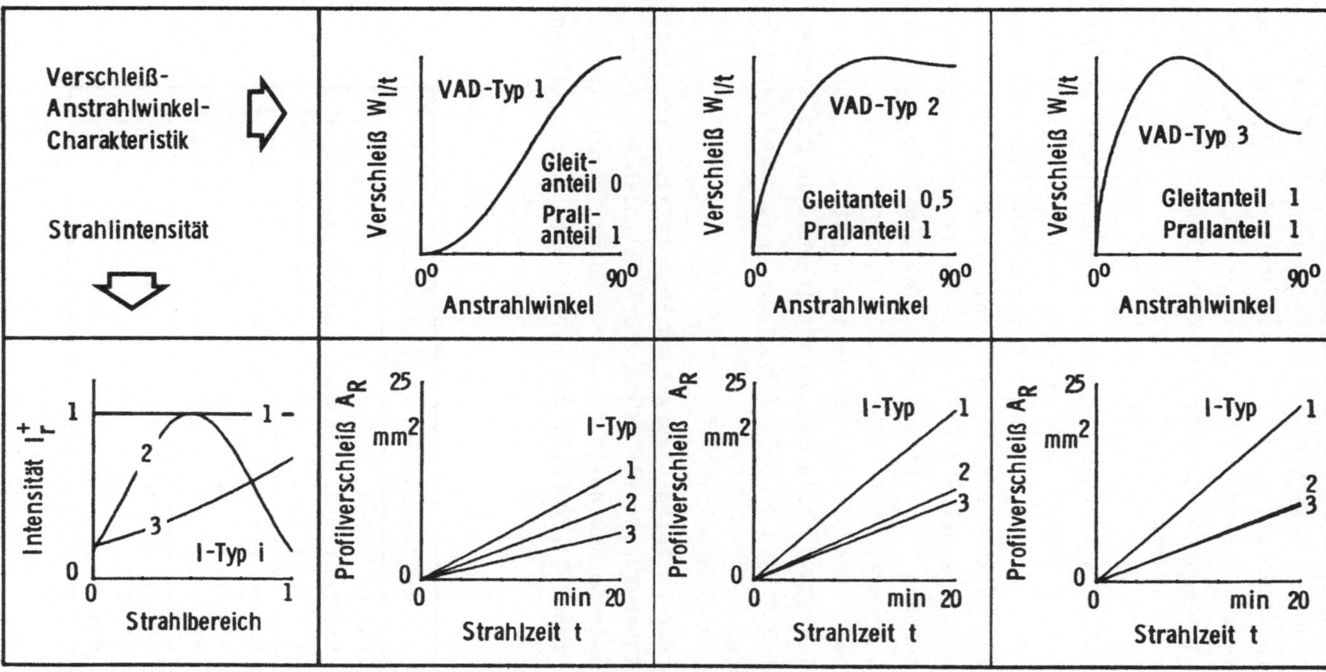

Bild 5.4: Verlauf des Verschleißes A_R am Rundprofil in Abhängigkeit der simulierten Strahlzeit, der VAD-Typen 1 bis 3 und der I-Typen 1 bis 3.

Liegt der Strömung das asymmetrische Keilprofil des I-Typs 3 vor, so ist die Gestaltänderung an den Kreisen ebenfalls asymmetrisch. Links ist der Verschleiß wesentlich geringer als rechts. Am Rande des Kreises ist erwartungsgemäß der Verschleiß beim VAD-Typ 1 geringer als beim VAD-Typ 3.

Der Profilverschleiß A_R der Rundprofile in Abhängigkeit der simulierten Strahlzeit t zeigt Bild 5.4. Die Kurven, bestehend aus fünf Rechenpunkten, erscheinen auf den ersten Blick wie Geraden. Die genaue Untersuchung des Kurvenverlaufs mit Hilfe einer Regressionsanalyse ergab die beste Übereinstimmung mit einem Kurventyp der Gl. 4.9. Danach verlaufen die Kurven mit einem leichten, progressiven Anstieg. In allen berechneten Fällen lag dabei der Regressionskoeffizient minimal bei 0,99979 und maximal bei 0,999999. Die einzelnen Gleichungen der Kurven in Bild 5.4 enthält Tabelle 5.3. Sie gelten im Bereich der errechneten Punkte.

Vergleicht man die Gestaltänderungen am Rundprofil, ohne Beachtung des zeitlichen Erreichens dieser Form, mit den experimentellen Ergebnissen in Abschnitt 4.2.2, so können Parallelen in zwei Fällen festgestellt werden. Die experimentell ermittelten

Flächenverschleiß A_R am Rundprofil		
I-Typ 1	VAD-Typ 1	$A_R = 0,000523 + 0,669748\, t + 0,001017\, t^2$
	VAD-Typ 2	$A_R = -\ 0,027439 + 1,125830\, t + 0,002435\, t^2$
	VAD-Typ 3	$A_R = -\ 0,029515 + 1,066353\, t + 0,002129\, t^2$
I-Typ 2	VAD-Typ 1	$A_R = -\ 0,002500 + 0,462330\, t + 0,000926\, t^2$
	VAD-Typ 2	$A_R = 0,004643 + 0,589473\, t + 0,000859\, t^2$
	VAD-Typ 3	$A_R = -\ 0,002500 + 0,478902\, t + 0,000056\, t^2$
I-Typ 3	VAD-Typ 1	$A_R = 0,001429 + 0,296036\, t + 0,000045\, t^2$
	VAD-Typ 2	$A_R = -\ 0,004643 + 0,509027\, t + 0,000391\, t^2$
	VAD-Typ 3	$A_R = -\ 0,012143 + 0,479411\, t + 0,000737\, t^2$

Tabelle 5.3: Gleichungen der Kurven in Bild 5.4.

Gestaltänderungen von Glas und Stahl in Bild 4.18 lassen mit denen in Bild 5.3 im Falle des VAD-Typs 1/I-Typs 1 und VAD-Typs 2/ I-Typs 1 eine gute Übereinstimmung erkennen. Die Ursache liegt darin begründet, daß das Strömungsprofil im Experiment in etwa mit dem I-Typ 1 vergleichbar ist. Zudem ähnelt die Kurvenform des VAD's von Glas dem VAD-Typ 1 und die von Stahl dem VAD-Typ 2.

5.3 Muldenbildung an der ebenen Platte

Analog zu den experimentellen Untersuchungen zur Muldenbildung in Abschnitt 4.2.3 werden im folgenden theoretische Untersuchungen durchgeführt. Die Anordnung der Platte zum Partikelstrahl stellt dieselbe wie im Versuch dar. Der Plattenanstrahlwinkel wird mit $\alpha = 30^{\circ}$, 60° und 90° angenommen. Als weitere Einflußgrößen werden die VAD-Typen 1 bis 3 und für den Verlauf der Partikelströmung der I-Typ 4 verwendet (s. Abs. 5.1).

Die simulierte Strahlzeit ist unterschiedlich und liegt zwischen t_{max} = 120 bis 640 min. Der Zeitschritt der berechneten Zwischenschicht beträgt Δt = 10 min. Es wurde jede zweite bis neunte Schicht aufgezeichnet und die berechneten Profilpunkte nach jeder Zwischenrechnung generiert. Zur Beschreibung der zwischenzeitlichen Verschleißzustände wird der Muldenverschleiß A_M und die Muldentiefe s_M berechnet.

Die Entwicklung der simulierten Muldenformen in Abhängigkeit des Plattenanstrahlwinkels α, der VAD-Typen 1 bis 3 und dem I-Typ 4 zeigt Bild 5.5. Es lassen sich erhebliche Unterschiede in der Ausbildung der Muldenform feststellen. Qualitativ stimmt die Formgebung der Mulden bei Verwendung der VAD-Typen 1 und 3 und den Plattenanstrahlwinkeln 90°, 60° und 30° mit den eigenen Beobachtungen und Ergebnissen weitgehend überein (s. Bild 4.21).

Die berechneten Muldenformen weisen einige charakteristische Merkmale auf. Die Mulden mit dem VAD-Typ 1 zeigen beim Anstrahlwinkel 90° und 60° zum Muldengrund hin einen relativ spitzen Verlauf. Er begründet sich darauf, daß im VAD das Verschleißmaximum bei 90° liegt. Wird jedoch der Anstrahlwinkel flacher,

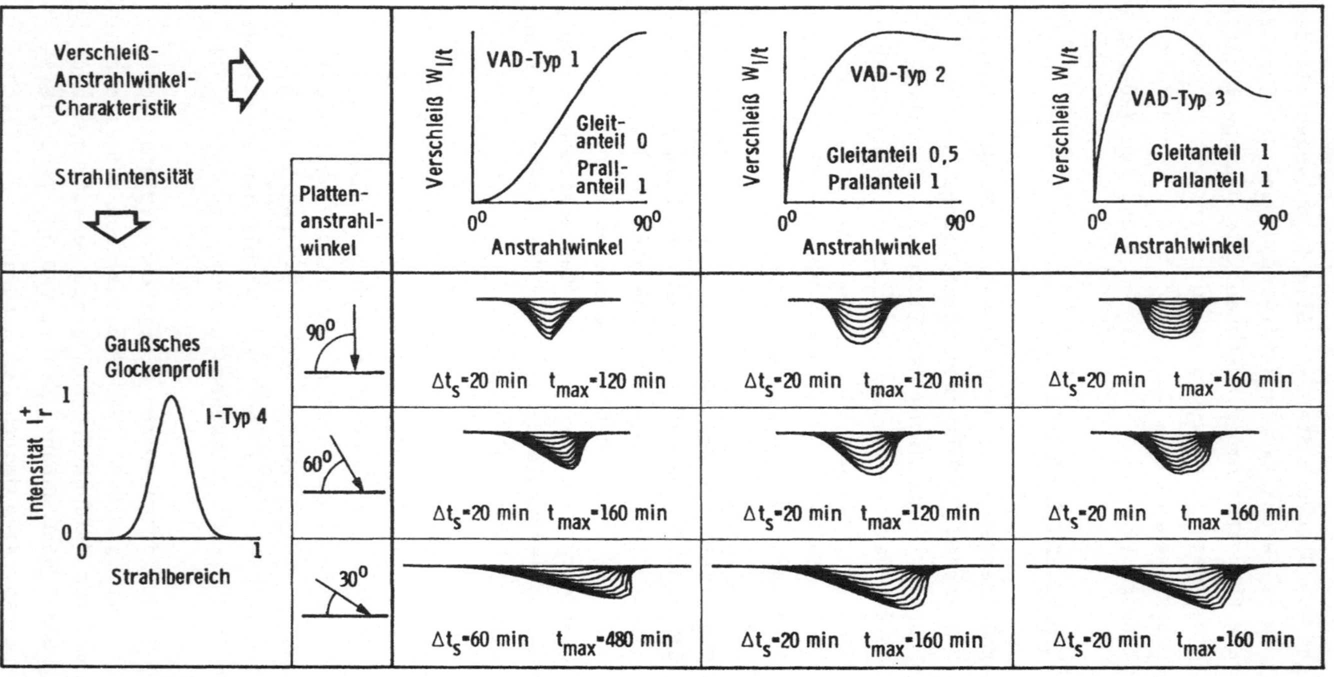

Bild 5.5:   Zeitliche Entwicklung der Muldenformen in Abhängigkeit vom VAD-Typ 1 bis 3 und dem Plattenanstrahlwinkel.

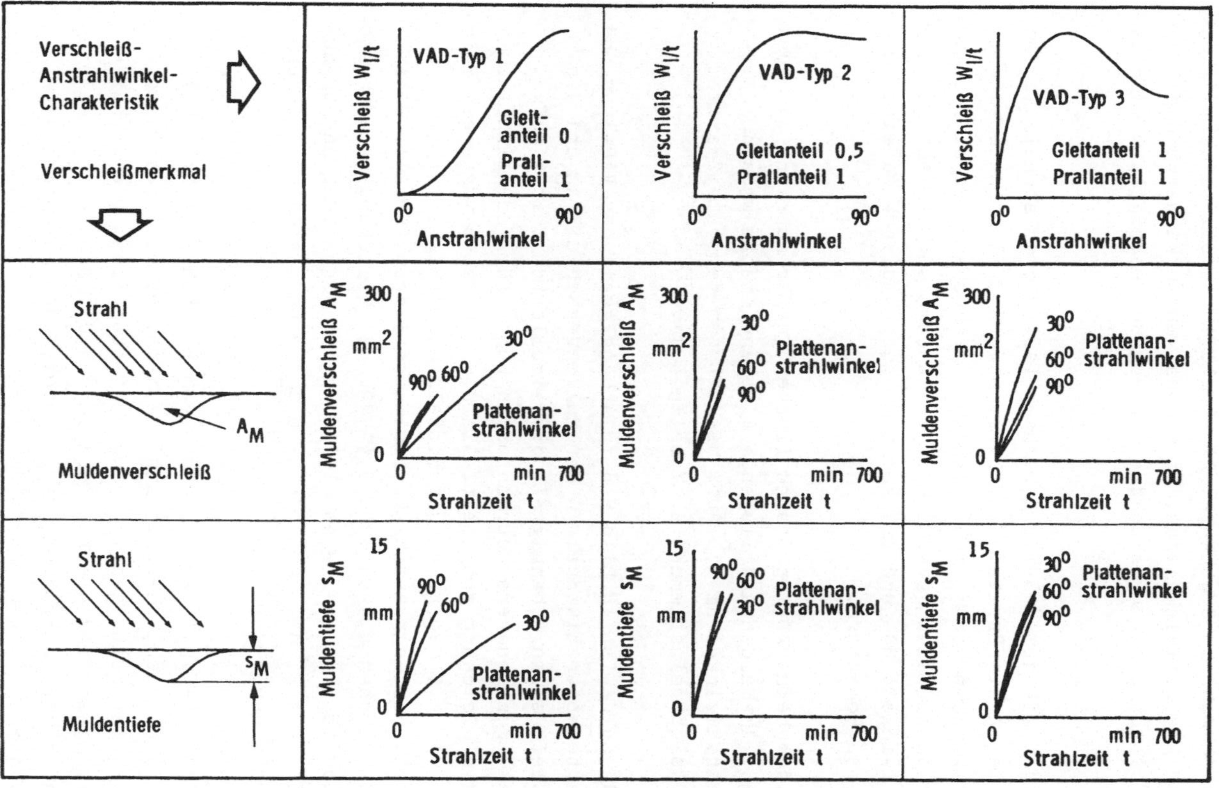

Bild 5.6: Verlauf des Muldenverschleißes A_M und der Muldentiefe s_M in Abhängigkeit der Zeit, der VAD-Typen 1 bis 3 und des Plattenanstrahlwinkels.

so verläuft die Muldenbildung weniger in die Tiefe, sondern sie
zieht sich mehr in die Länge. Die Prallfläche bildet allmählich
steilere Anstrahlwinkel aus, so daß das Muldenwachstum dann ra-
scher fortschreitet und sich der Muldengrund ebenfalls wieder zu-
zuspitzt.

Die Mulden mit dem VAD-Typ 2 wachsen fast ebenso schnell in die
Tiefe wie in die Breite. Denn hier haben die Flächenelemente mit
Anstrahlwinkeln von $\alpha_r = 56^\circ$ bis 90° die höchsten Verschleißra-
ten. Es bilden sich abgerundete Muldenböden aus. Selbst bei den
Anstrahlwinkeln 30° und 60° kommt es nach und nach zu einer ab-
gerundeten Bodenform.

Die Mulden beim VAD-Typ 3 sind flacher, dafür aber breiter ausgebildet. Am Muldenrand liegende Flächenelemente weisen örtliche Anstrahlwinkel um 37° auf, die mit dem Verschleißmaximum
des VAD's übereinstimmen (s. Tabelle 5.1).

Für jede Mulde ist in Bild 5.6 in Abhängigkeit des VAD-Typs und
des Plattenanstrahlwinkels α der Muldenverschleiß A_M und die
Muldentiefe s_M in Abhängigkeit der simulierten Zeit t aufgezeichnet. Für genauere Betrachtungen wurde für jede einzelne
Kurve die Gleichung ermittelt. Als Gleichungstyp wurde ein Polynom der Gl. 4.9 vorgeben und mittels einer Regressionsanalyse
berechnet. Die Regressionskoeffizienten liegen für alle Gleichungen zwischen 0,99951 und 0,99999. Die Gleichungen dafür enthält Tabelle 5.4. An diesen Gleichungen lassen sich, analog zu
Abschnitt 4.2.2, die Faktoren a, b und c und deren Vorzeichen
interpretieren.

Für jeden VAD-Typ in Abhängigkeit vom Plattenanstrahlwinkel α
lassen sich erhebliche Unterschiede der Verschleißgeschwindigkeit bzw. der zeitabhängigen Kurven feststellen. Die höchsten
Verschleißgeschwindigkeiten verzeichnen die Mulden, bei welchen
der Plattenanstrahlwinkel mit dem Winkel des maximalen Verschleißes α_{max} in etwa übereinstimmen.

Muldenfläche A_M		
VAD-Typ 1	90°	$A_M = -0,232567 + 1,067397\ t - 0,001671\ t^2$
	60°	$A_M = -0,365462 + 0,896701\ t - 0,001054\ t^2$
	30°	$A_M = -0,563204 + 0,463018\ t - 0,000119\ t^2$
VAD-Typ 2	90°	$A_M = -0,073810 + 0,937527\ t + 0,001776\ t^2$
	60°	$A_M = 0,145073 + 1,131606\ t + 0,000724\ t^2$
	30°	$A_M = 0,066970 + 0,768022\ t - 0,001521\ t^2$
VAD-Typ 3	90°	$A_M = -0,299329 + 0,601123\ t + 0,001544\ t^2$
	60°	$A_M = 0,332850 + 0,955956\ t + 0,000049\ t^2$
	30°	$A_M = 0,130776 + 2,039216\ t - 0,003352\ t^2$
Muldentiefe s_M		
VAD-Typ 1	90°	$s_M = -0,044798 + 0,107500\ t - 0,000174\ t^2$
	60°	$s_M = -0,012487 + 0,076187\ t - 0,000112\ t^2$
	30°	$s_M = 0,009854 + 0,022085\ t - 0,000010\ t^2$
VAD-Typ 2	90°	$s_M = -0,001289 + 0,095229\ t - 0,000009\ t^2$
	60°	$s_M = -0,001209 + 0,101464\ t - 0,000086\ t^2$
	30°	$s_M = -0,038430 + 0,092087\ t - 0,000139\ t^2$
VAD-Typ 3	90°	$s_M = -0,004406 + 0,061605\ t + 0,000002\ t^2$
	60°	$s_M = -0,055849 + 0,091500\ t - 0,000147\ t^2$
	30°	$s_M = -0,030328 + 0,104746\ t - 0,000210\ t^2$

Tabelle 5.4: Gleichungen der Kurven in Bild 5.6.

Wegen der allmählichen Ausbildung der Mulde und den sich ändernden örtlichen Anstrahlwinkeln bleibt die Verschleißgeschwindigkeit nicht konstant. Bei positivem Vorzeichen des letzten Gliedes der Gleichungen in Tabelle 5.4 verlaufen die Kurven in Bild 5.7 progressiv und bei negativem Vorzeichen degressiv ansteigend. Beim Muldenverschleiß kann die Wachstumsgeschwindigkeit ansteigen aber auch abfallen, je nach VAD-Typ und Plattenanstrahlwinkel α. Die Wachstumsgeschwindigkeit der Muldentiefe ist nur in einem Fall am Ende der Muldenbildung größer als zu Beginn. In allen anderen Fällen ist sie am Ende kleiner. Vergleichen läßt sich dieses Ergebnis mit den Untersuchungen von Brauer und Kriegel /13,53/. Sie strahlten Hartgußschrot auf Kunststoffproben und stellten fest, daß die Wachstumsgeschwindigkeit der Muldentiefe s_M mit zunehmender Versuchsdauer kleiner wird. Andere Vergleiche sind wegen fehlendem Schrifttum nicht möglich.

5.4 Zusammenfassung

Die Gestaltänderung strahlverschleißbeanspruchter Oberflächenkonturen ist abhängig von der Kombination der Verschleiß-Anstrahlwinkel-Charakteristik, von der Verteilung der Strahlintensität im Strahlbereich sowie der Anordnung des Partikelstrahls zur Bauteiloberfläche. Durch die schrittweise Berechnung des Verschleißes an jedem Oberflächenpunkt lassen sich in Abhängigkeit dieser Größen die Gestaltänderung und daraus abgeleitete Größen berechnen. Um diese Gestaltänderung aufzuzeigen, wurden die simulierten Verschleißbeispiele mit VAD's berechnet, die alle das gleiche Verschleißmaximum besitzen. Deswegen liegen die Zeiten, bis ein bestimmter Verschleißzustand erreicht wird, nur wenig auseinander.
Werden jedoch zeitliche Abschätzungen des Strahlverschleißes auf diese Art der Simulation durchgeführt, so muß der spezifische Verschleiß von jedem Werkstoff berücksichtigt werden, der sich unter gleichen Strahlverschleißbedingungen ergibt. Für diesen Zweck sind die verschiedenen Verschleiß-Anstrahlwinkel-Charakteristiken, neben ihrem Kurvenverlauf, auch in ihren relativen Höhen zueinander abzustimmen. So hat z.B. Glas einen rd. 40 mal höheren Verschleiß als Stahl. Folglich vollziehen sich die Gestaltänderungen an solchen strahlverschleißbeanspruchten Bauteilen zu stark unterschiedlichen Zeiten, überlagert von dem Einfluß, der sich durch die VAD-Charakteristik ergibt.

Auf diese Weise der Simulationsrechnung mit fiktiven Einflußgrößen können theoretische Studien qualitativer Art durchgeführt werden, die das Problem der Beurteilung von Einflußgrößen auf den Strahlverschleiß transparenter machen.

6 Übertragbarkeit der Versuchs- und Rechenergebnisse auf Bauteile

Ergebnisse aus Laborversuchen lassen sich nicht ohne weiteres auf den Verschleißvorgang unter realen Bedingungen übertragen. Oft ändert sich in Laborversuchen, gegenüber Betriebsversuchen, die Bewährungsfolge eines bestimmten Verschleißmerkmals am Bauteil. Im allgemeinen verändert sich das tribologische System beim Übergang vom Betriebs- zum Modellversuch. Zur Gewinnung allgemeiner Erkenntnisse und Gesetzmäßigkeiten ist es jedoch aus wirtschaftlichen Gründen zweckmäßig, auf ein Ersatzsystem im Labor auszuweichen. Mit Hilfe mathematischer Methoden, kann man den Nachteil in bestimmten Grenzen ausgleichen und das Verschleißverhalten unter Berücksichtigung der Randbedingungen im praxisnahen Einsatzfall abschätzen. Ein Versuch wurde mit dem entwickelten Rechenverfahren unternommen.

Zur Bewertung der mit diesem Rechenverfahren erlangten Ergebnisse, können die Kategorien der Verschleißprüfung herangezogen werden /76/. Sie werden nach Feldversuchen am Bauteil (Kategorie I), nach Prüfstandsversuchen (Kategorie II und III) sowie nach Modellversuchen (Kategorie IV bis VI) gegliedert.

Bild 6.1 zeigt diese Gliederung am Beispiel der Strahlverschleißprüfung sowie der Einordnung des Rechenverfahrens zur Extrapolation der Ergebnisse auf höhere Kategorieebenen. Von Versuchen der Kategorie I zu Versuchen der Kategorie VI werden schrittweise Vereinfachungen des Verschleißsystems eingeführt. So fehlen z.B. beim Prüfstand-Versuch (Kategorie II) die rauhen Umweltbedingungen und beim Aggregat-Versuch (Kategorie III) ist das Bauteil der Anlage entnommen und wird im Laborprüfstand untersucht. Bei Versuchen der Kategorie IV und V vereinfacht sich das untersuchte Bauteil bis zu bauteilähnlichen Proben, wobei das Beanspruchungskollektiv, der Probenwerkstoff sowie die Bauteilkonstruktion Vereinfachungen erfährt. Im reinen Modellversuch (Kategorie VI) sind gar die Probenkörper in ihrer Geometrie nicht mehr mit dem ursprünglichen Bauteil vergleichbar. Die Prüfung strahlverschleißbeanspruchter Bauteile beschränkt sich hier auf Strahlverschleißversuche an der ebenen Platte.

Die Anwendung des Verfahrens zur Berechnung der Gestaltänderung
strahlverschleißbeanspruchter Bauteile verlangt neben den Ver-
schleißversuchen die Untersuchung der Umgebungs- und Randbedingungen des tribologischen Betriebssystems, um auf den Verschleißzustand höherer Kategorien durch die Simulation mit
Hilfe des Rechenverfahrens extrapolieren zu können.

Die Brauchbarkeit des Verfahrens wird durch das Auftreten von
Umständen begrenzt, die die Rechnung nicht berücksichtigen kann.
Sie ist zum einen durch die vereinbarten Voraussetzungen

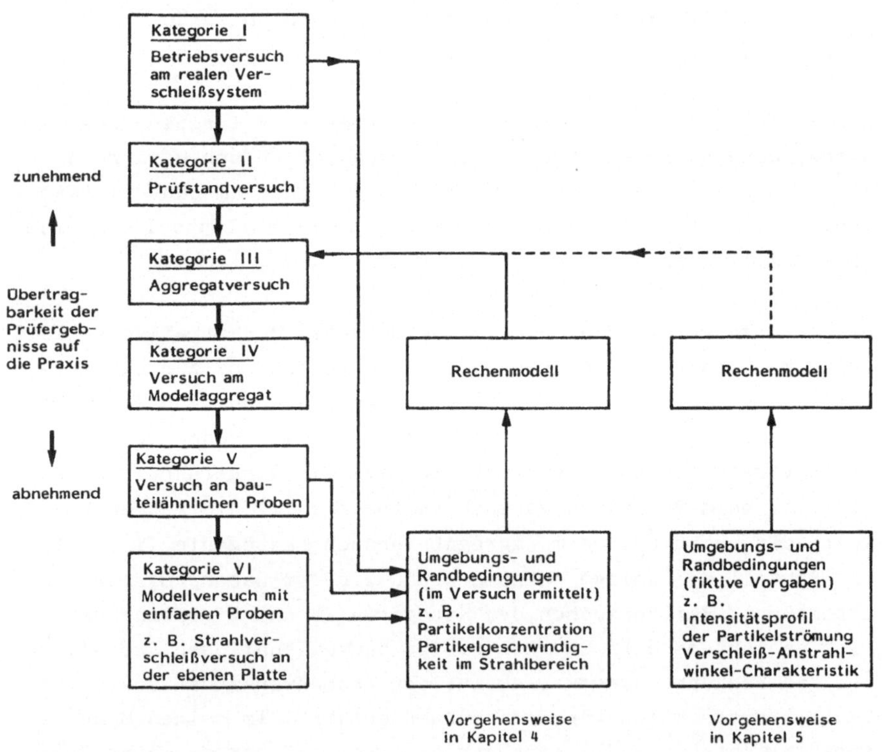

Bild 6.1: Einordnung des Rechenmodells in die Kategorien der
          Verschleißprüfung.

(s. Kap. 3) und durch die rechentechnischen Vereinbarungen zur
Behandlung der einzelnen Profilsegmente (s. Abs. 3.2.2 und
3.2.4) begrenzt und zum anderen durch die Verrechnung fehlerbe-
hafteter Kennlinien aus den Vorversuchen und unvorhergesehener
Änderungen im Verschleißsystem (s. Abs. 4.2.4 und 4.2.5).

7 Zusammenfassung

Prallen Feststoffpartikeln auf ein in ihrer Flugbahn befindliches Hindernis, so verursachen sie einen Materialabtrag, der als Strahlverschleiß bezeichnet wird. Dabei ändert sich die Gestalt des Grundkörpers laufend. Diese Änderung ist abhängig vom Verschleißsystem. Bisher wurden nur wenige Arbeiten veröffentlicht, die die Gestaltänderung am Bauteil rechentechnisch berücksichtigen. Dagegen existiert ein umfangreiches Schrifttum über den Strahlverschleiß an ebenen Platten und Bauteilen sowie der Ermittlung von Verschleißkennwerten und den dafür notwendigen meßtechnischen Verfahren.

Im Mittelpunkt der vorliegenden Arbeit steht ein Rechenverfahren, mit dem die zeitliche Änderung der makrogeometrischen Gestalt eines Grundkörpers berechnet werden kann. Dabei wird die Kontur des Grundkörpers durch gerade Liniensegmente ersetzt, und es wird angenommen, daß der Verschleiß an der ebenen Platte mit dem Verschleiß am Liniensegment unter gleichen Anstrahlwinkeln übereinstimmt.

Die Vielzahl der Einflußgrößen eines Strahlverschleißsystems wird durch das Verschleiß-Anstrahlwinkel-Diagramm berücksichtigt, welches die wichtige Abhängigkeit des Anstrahlwinkels auf den Verschleiß aufzeigt. Es kann als die Antwort des Werkstoffes des Grundkörpers auf eine Winkeländerung betrachtet werden, wobei alle anderen Verschleißparameter konstant bleiben. Der Verschleißbetrag im V-A-Diagramm, der durch Strahlverschleißversuche an der ebenen Platte ermittelt wird, stimmt partiell mit dem Verschleiß am Liniensegment der Grundkörperkontur überein. Unterschiede der Strahlintensität im Strahlbereich werden durch die örtlichen Strahlkenngrößen, der Partikelkonzentration und der Partikelgeschwindigkeit berücksichtigt, die auf die mittlere Strahlintensität bezogen sind, mit der die Strahlversuche an der ebenen Platte durchgeführt wurden.

Die Anwendung des Rechenverfahrens erfordert den Einsatz eines Rechners, der die große Zahl der Einzelrechnungen an jedem

Liniensegment für jede Schicht durchführt. Dafür wurden Programme entwickelt, mit denen die makrogeometrische Gestaltänderung am Rundprofil und die Muldenbildung durch Strahlverschleiß unter bestimmten Bedingungen berechnet werden kann.

Das Rechenverfahren wurde durch Laborversuche überprüft, indem zwei Werstoffe, Borosilikatglas und Stahl, mit stark unterschiedlicher Verschleiß-Anstrahlwinkel-Charakteristik verwendet wurden. Die zur Rechensimulation des Verschleißes notwendigen Daten, seitens des Partikelstrahls und der Werkstoffe wurden in Vorversuchen ermittelt und die Berechnung der Gestaltänderung am Rundprofil und die der Muldenbildung an der ebenen Platte durchgeführt. Der Vergleich der Versuchsergebnisse mit der theoretischen Rechnung zeigt zufriedenstellende Ergebnisse. Die unterschiedliche Gestaltänderung beider Werkstoffe kann an den gewählten Beispielen eindeutig nachvollzogen werden.

Die Grenzen des Verfahrens wurden aufgezeigt. Sie liegen zum einen im Rechenverfahren selbst begründet, welches starke Vereinfachungen und Voraussetzungen enthält und zum anderen durch die physikalischen Gegebenheiten während des Verschleißvorganges, insbesondere durch die Flugbahnen der Partikeln bis zum Aufprall und den sekundären Verschleißerscheinungen nach dem ersten Aufprall. Diese wurden nicht berücksichtigt.

Das entwickelte Rechenverfahren eignet sich gleichfalls, um die komplizierte Wechselwirkung der verschiedenen Einflußgrößen, wie Form des Bauteils, Verschleiß-Anstrahlwinkel-Charakteristik, Partikelgeschwindigkeit und -konzentration, transparenter zu machen. In einer theoretischen Studie wurde mit fiktiven Einflußgrößen ein Versuch dahingehend unternommen.

Das Rechenverfahren läßt sich in die Kategorien der Verschleißprüfung einordnen. So kann das Verschleißverhalten eines Bauteils einer höheren Kategorieebene im Entwicklungsstadium, unter Einbezug der Umgebungsbedingungen, aus den Ergebnissen einfacher Laborversuche niederer Kategorien und mit Hilfe des Rechenverfahrens, extrapoliert werden. Grundsätzlich ist die Anwendung auf komplexere Verschleißsysteme möglich. Die Grundlagen dafür sind in dieser Arbeit gegeben.

8 <u>Literaturverzeichnis</u>

/1/   Brauer, H.: Grundlagen der Einphasen- und Mehrphasenströ-
       mungen. Verlag Sauerländer, Aarau, Frankfurt/M., 1971,
       S. 507-583.

/2/   Uetz, H., Khosrawi, M.A.: Strahlverschleiß. Aufbereitungs-
       Technik, 21 (1980) 5, S. 253-266.

/3/   Gödde, E., Kriegel, E.: Erosionsverschleiß von Pumpen und
       Rohrleitungen beim Feststoff-Transport. Maschinenmarkt
       85 (1979) 100, S. 2090-2092.

/4/   Uetz, H., Föhl, J.: Forschungs- und Prüftätigkeit auf dem
       Gebiet "Verschleiß und Tribologie" der Staatlichen Mate-
       rialprüfungsanstalt an der Universität Stuttgart (MPA).
       Braunkohle, 22 (1970) 1, S. 1-9.

/5/   Barkalow, R.H., Pettit, F.S.: High temperature erosion
       and erosion-hot corrosion with various types of solid
       particles. Proc. 5th Int. Conf. on Erosion by Solid and
       Liquid Impact. S. 44-1 - 44-9.

/6/   Wahl, W.: Materialeinsparung durch aktiven Verschleiß-
       schutz. Zeitschrift für Werkstofftechnik, 9 (1978) 6,
       S. 225-264.

/7/   Berndgen, W.: Erfahrungen auf dem Gebiet der Verschleiß-
       bekämpfung. Aufbereitungs-Technik, Nr. 1, (1964), S. 1-14.

/8/   Bunk, W., Hansen J., Geyer, M.: Tribologie. Bd. 1, Sprin-
       ger Verlag, Berlin, Heidelberg, New York, 1981.

/9/   Wahl, H., Hartstein, F.: Strahlverschleiß. Franckh'sche
       Verlagshandlung, Stuttgart, 1946.

/10/   Kleis, I.: Probleme der Bestimmung des Strahlverschleißes
       bei Metallen. Wear, 13 (1969), S. 199-215.

/11/ Wellinger, K., Uetz, H., Gommel, G.: Verschleiß durch
     Wirkung von körnigen mineralischen Stoffen. Materialprü-
     fung, 9 (1967) 5, S. 153-160.

/12/ Wellinger, K., Uetz, H.: Gleitverschleiß, Spülverschleiß,
     Strahlverschleiß unter der Wirkung von körnigen Stoffen.
     VDI-Forschungsheft 449, Ausg. B, Bd. 21, 1955.

/13/ Brauer, H.: Verschleiß von Förderleitungen beim pneumati-
     schen Transport körniger Feststoffe. Teil I und II, GTV-
     Bericht, Berlin, 1975.

/14/ Maier, E.: Theorie des muldenförmigen Verschleißes im
     Blasversatzrohr. Ingenieur-Archiv, XXI, Band 1953,
     S. 382-359.

/15/ Glatzel, W.D.: Verschleiß von Rohrkrümmern beim pneumati-
     schen Transport. Diss., TU Berlin, 1977.

/16/ Uetz, H.: Grundfragen des Verschleißes im Hinblick auf
     neuere Erkenntnisse auf dem Gebiet der Verschleißforschung.
     Braunkohle, Wärme und Energie, 20 (1968) 11. S. 365.376.

/17/ DIN 50 821, Verschleiß-Meßgrößen, Dez. 1979.

/18/ Fleischer, G.: Terminologie "Reibung und Verschleiß"
     (Teil V). Schmierungstechnik 3 (1972) 11, S. 330-338.

/19/ Uetz, H., Föhl, J.: Einfluß der Korngröße auf das Strahl-
     verschleißverhalten von Metall und nichtmetallischen Hart-
     stoffen. Wear, 20 (1972), S. 299-308.

/20/ Kleis, I., Uuemôis, H.: Untersuchung des Strahlverschleiß-
     mechanismus von Metallen. Zeitschrift für Werkstofftech-
     nik, 5 (1974) 7, S. 381-389.

/21/ Mewes, D.: Modellvorstellung für den Verschleißmechanismus
beim Prallbeschuß kristalliner Werkstoffoberflächen. Diss.
TU Berlin, 1970.

/22/ Uetz, H., Gommel, G.: Temperaturerhöhung und elektrische
Aufladung beim Stoß einer Stahlkugel gegen eine Stahlplat-
te. Wear, 9 (1966), S. 282-296.

/23/ DIN 50 320, Verschleiß-Begriffe, Dez. 1979.

/24/ DIN 50 332, Strahl-Verschleißprüfung, Aug. 1957.

/25/ Glatzel, W.D., Brauer, H.: Prallverschleiß. Chem.-Ing.-
Tech. 50 (1978) 7, S. 487-497.

/26/ Kriegel, E.: Der Strahlverschleiß von Werkstoffen. Chem.-
Ing.-Tech. 40 (1968) 1/2, S. 31-36.

/27/ Bode, C., Schaetz, H.: Eine neue, einfache Versuchsanordnung zur Ermittlung der Partikelgeschwindigkeit im Luft-
strom bei Strahlverschleißuntersuchungen. Chem. Techn.,
18 (1966) 2, S. 93-98.

/28/ Jennings, W.H., Head, W.J., Manning, C.R. jr.: A mechani-
stic model for the prediction of ductile erosion. Wear,
40 (1976), S. 93-112.

/29/ Kleis, I., Pappel, T., Arumäe, H.: Strahlverschleißuntersuchungen an modernen Konstruktionswerkstoffen. Wiss. Berichte, Ingenieurhochschule Zittau 383 (1981), S. 64-66.

/30/ Adam, O.: Untersuchung über die Vorgänge in feststoffbe-
ladenen Gasströmen. Diss. TH Aachen, 1960.

/31/ Finnie, I.: Erosion of surfaces by solid particles. Wear,
3 (1960), S. 87-103.

/32/ Bitter, J.G.A.: A study of erosion phenomena. Wear 6
(1963), S. 5-21.

/33/ Gotzmann, J.: Eine Methode zur Strahlverschleißberechnung für den pneumatischen Transport körniger Güter. Diss. Ingenieurhochschule Zittau, 1978.

/34/ Beckmann, G., Gotzmann, J.: Analytische Betrachtung zum Strahlverschleiß von Metall. Schmierungstechnik 10 (1979) 3, S. 73-77.

/35/ Beckmann, G., Gotzmann, J.: Analytische Betrachtung zum Strahlverschleiß von Metall (Fortsetzung). Schmierungstechnik 10 (1979) 4, S. 104-107.

/36/ Rickerby, D.G., Macmillan, N.H.: The erosion of aluminium by solid particle impingement at normal incidence. Wear, 60 (1980), S. 369-382.

/37/ Gulden, M.E.: Solid particle erosion of Si_3N_4 materials. Wear, 69 (1981), S. 115-129.

/38/ Hutchings, I.M., Winter, R.E., Field, J.E.: Solid particle erosion of metals: the removal of surface material by spherical projectiles. Proc. R. Soc. Lond. A. 348 (1976), S. 379-392.

/39/ Finnie, I., McFadden, D.H.: On the velocity dependance of the erosion of ductile metals by solid particles at low angles of incidence. Wear, 48 (1978), S. 181-190.

/40/ Gommel, G.: Energie, Verschleiß und Zerkleinerung bei Prallvorgängen. Staub-Reinhaltung der Luft, 27 (1967) 1, S. 42-47.

/41/ Gommel, G.: Stoßuntersuchungen Stahlkugel-Stahlplatte im Zusammenhang mit Strahlmittelzertrümmerung und Strahlverschleiß. Diss. TH Stuttgart, 1966.

/42/ Muravkin, O.N., Riabchenkov, A.V.: Investigation of the
corrosion-abrasion wear of steel as applied to tubes of
water-economizers of boilers. Friction and Wear in Machin-
ery 11 (1960), S. 69-97.

/43/ Ebner, W.: Test einer Methode zur Strahlverschleißberechnung. Diplomarbeit, Universität Stuttgart, 1980.

/44/ Kleis, I.: Schädigung durch Strahlverschleiß. Neue Berg-
bautechnik, 9 (1979) 5, S. 281-284.

/45/ Uuemôis, H., Kleis, I.: A critical analysis of erosion
problems which have been little studied. Wear, 31 (1975),
S. 359-371.

/46/ Tilly, G.P.: Erosion caused by airborne particles. Wear,
14 (1969), S. 63-79.

/47/ Zahavi, J., Schmitt, G.: Solid particles erosion of rein-
forced composite materials. Wear, 71 (1981), S. 179-190.

/48/ Neilson, J.H., Gilchrist, A.: Erosion by stream of solid
particles. Wear, 11 (1968), S. 111-122.

/49/ Goodwin, J.E., Sage, W., Tilly, G.P.:Study of erosion by
solid particles. Proc. Instn. Mech. Engrs. 1969-1970,
Vol. 184 Pt 1 No 15, S. 279-291.

/50/ Mills, D., Mason, J.S.: Analysis of factors influencing
surface erosion patterns of bends in pneumatic conveying
lines. Proc. 5th Int. Conf. on Erosion by Solid and Li-
quid Impact, S. 51-1 - 51-10.

/51/ Neilson J.H., Gilchrist, A.: An experimental investigation
into aspects of erosion in rocket motor tail nozzles.
Wear, 11 (1968), S. 123-143.

/52/ Fehndrich, W.: Verschleißuntersuchungen an Kesselrohren.
      Mitteilungen der VGB 49, Heft 1, Febr. 1969, S. 58-70.

/53/ Brauer, H., Kriegel, E.: Untersuchungen über den Ver-
      schleiß von Kunststoffen und Metallen. Chem.-Ing.-Tech.
      35 (1963) 10, S. 697-707.

/54/ Brauer, H., Kriegel, E.: Verschleiß von Rohrkrümmern beim
      pneumatischen und hydraulischen Feststofftransport. Chem.-
      Ing.-Tech. 37 (1965) 3, S. 265-276.

/55/ Carter, G., Nobes, M.J., Arshak, K.I.: The application of
      erosion slowness theory to prediction of surface contour
      generation during particulate ablation of solids. Wear,
      53 (1979), S. 245-261.

/56/ Katavić, I.: Untersuchungen über die Beeinflussung des Ge-
      füges karbidischer Gußeisen bei abrasiver Verschleißbean-
      spruchung. Wear, 48 (1978), S. 35-53.

/57/ Huwald, E.: Über den Zusammenhang zwischen Mahlung und
      Verschleiß in einer Gegenstrahlmühle. Diss. Universität
      Clausthal, 1975.

/58/ Röhrig, K.: Cast abrasion resistant iron base alloys.
      Metallurgical Aspects of Wear. Deutsche Gesellschaft für
      Metallkunde e.V., 1981, S. 269-290.

/59/ Surek, D.: Einfluß von Feststoffstoß auf den Verschleiß
      und die Lebensdauer von Pumpenwerkstoffen. Maschinenbau-
      technik 28 (1979) 6, S. 270-274.

/60/ N.N.: Korrosionsforschung für die Praxis. DECHEMA (Deut-
      sche Gesellschaft für chemisches Apparatewesen) e.V.,
      Frankfurt/M., Tagungshandbuch, 1980.

/61/ Tabakoff, W., Ramachandran, J., Hamed, A.: Temperature
      effects on the erosion of metals used in turbomachinery.
      Proc. 5th Int. Conf. on Erosion by Solid and Liquid Im-
      pact, S. 47-1 - 47-5.

/62/ Suur, U.K.: Über den Temperatureinfluß auf den Verschleiß-
      mechanismus im abrasiven Strahl. Mitt. des Tallinner Polit.
      Inst. Serie A, Nr. 237 (1966), S. 63-88 (in Russisch).

/63/ Brown, R., Jun, E.J., Edington, J.W.: Erosion of α-Fe
      by spherical glass particles. Wear, 70 (1981), S. 347-363.

/64/ Ryabov, A.V.: Endurance range of pipe bends in pneumatic
      transport systems for cast iron swarf and dust. Vestnik
      Mashinostroeniya 58 (1978) 2, S. 66.

/65/ Kanarachos, A., Röper, O.: Rechnerunterstützte Netzgene-
      rierung mit Hilfe der Coonsschen Abbildung. VDI-Z 121
      (1979) 7, S. 297-303.

/66/ Borosilikatglas-Datenblatt der Fa. Paul Schröder Spezial-
      glastechnik GmbH & Co. .

/67/ Wegst, C.W.: Stahlschlüssel. Verlag Stahlschlüssel
      Wegst KG, 1977.

/68/ Strahlmittel-Datenblatt der Fa. Eisenwerke Würth GmbH &
      Co., 7107 Bad Friedrichshall.

/69/ Wellinger, K., Gommel, G.: Einzelstoßuntersuchungen
      Stahlkugel-Stahlplatte im Zusammenhang mit Strahlmittel-
      zertrümmerung und Strahlverschleiß. Archiv für das Eisen-
      hüttenwesen, 88 (1967) 4, S. 275-285.

/70/ Kipphan, H.: Bestimmung von Transportkenngrößen bei Mehr-
      phasenströmungen mit Hilfe der Korrelationsmeßtechnik.
      Chem.-Ing.-Tech. 49 (1977) 9, S. 695-707.

/71/ Raasch, J., Umhauer, H.: Grundsätzliche Überlegungen zur
     Messung der Verteilungen von Partikelgröße und Partikel-
     geschwindigkeit disperser Phasen in Strömungen. Chem.-
     Ing.-Tech. 49 (1977) 12, S. 931-941.

/72/ Rumpf, H.: Versuche zur Bestimmung der Teilchenbewegung
     in Gasstrahlen und des Beanspruchungsmechanismus in
     Strahlmühlen. Chem.-Ing.-Tech. 32 (1960) 5, S. 335-342.

/73/ Ruff, A.W., Ives, L.K.: Measurement of solid particle
     velocity in erosive wear. Wear, 35 (1975), S. 195-199.

/74/ Sachs. L.: Angewandte Statistik. Springer Verlag, Berlin,
     Heidelberg, New York, 1978.

/75/ Reißmann, G.: Die Ausgleichsrechnung. VEB-Verlag für Bau-
     wesen, Berlin, 1980.

/76/ Uetz, H., Sommer, K., Khosrawi, M.A.: Übertragbarkeit von
     Versuchs- und Prüfergebnissen bei abrasiver Verschleiß-
     beanspruchung auf Bauteile. VDI-Berichte Nr. 354, (1979),
     S. 107-124.

/77/ Laitone, J.A.: Aerodynamic effects in the erosion process.
     Wear, 56 (1979), S. 239-246.

/78/ Schulze, H.J., Gottschalk, G.: Experimentelle Untersu-
     chung der hydrodynamischen Wechselwirkung bei Partikeln
     in einer Gasblase. Aufbereitungs-Technik 5 (1981),
     S. 254-264.

/79/ Braun, R., Edington, J.W.: Erosion of copper single
     crystals under conditions of 30° incidence. Wear, 79
     (1982), S. 335-346.

/80/ Lapides, L., Levy, A.: The halo effects in jet impinge-
     ment solid particle erosion testing of ductile metals.
     Wear, 58 (1980), S. 301-311.

IPA Forschung und Praxis

Schriftenreihe aus dem Institut für Produktionstechnik und Automatisierung, Stuttgart

Herausgeber: Prof. Dr.-Ing. H. J. Warnecke

Stufenweise Ableitung eines praktischen Planungssystems für den Entwicklungsbereich
Von R. Hichert. ISBN 3-7830-0149-8.
1978, 151 Seiten, kartoniert.   52,— DM

Produktionsplanung mit Auftragsfamilien
Von U. W. Geitner. ISBN 3-7830-0161.7.
1979, 110 Seiten, kartoniert.   45,— DM

Thermisch-chemisches Entgraten
Von T. Wagner. ISBN 3-7830-0164-1.
1979, 111 Seiten, kartoniert.   45,— DM

Untersuchung der Materialflußkosten bei ausgewählten Systemen der Zentralen Arbeitsverteilung
Von R. Wenzel. ISBN 3-7830-0162-5.
1979, 168 Seiten, kartoniert.   86,— DM

Anpassung und Einführung eines Planungssystems für die Ablaufplanung im Konstruktionsbereich
Von W. Dangelmaier. ISBN 3-7830-0163-3.
1979, 168 Seiten, kartoniert.   80,— DM

Längenmessungen an bewegten Teilen mit berührungslos wirkenden Aufnehmern
Von H. Lang. ISBN 3-7830-0157-9.
1979, 89 Seiten, kartoniert.   42,— DM

Untersuchung multistabiler Strömungselemente und ihr Einsatz in sequentiellen Steuerungen
Von A. Ernst. ISBN 3-7830-0157-9.
1979, 122 Seiten, kartoniert.   48,— DM

Taktile Sensoren für programmierbare Handhabungsgeräte
Von M. Schweizer. ISBN 3-7830-0158-7.
1979, 91 Seiten, kartoniert.   42,— DM

Die rechnerunterstützte Prüfplanung
Von P. Bläsing. ISBN 3-7830-0152-8.
1979, 100 Seiten, kartoniert.   44,— DM

Verfahren zur Fabrikplanung im Mensch-Rechner-Dialog am Bildschirm
Von W. Ernst. ISBN 3-7830-0156-0.
1979, 218 Seiten, kartoniert.   72,— DM

Rechnerunterstütztes Verfahren zur Leistungsabstimmung von Mehrmodell-Montagesystemen
Von M. Gorke. ISBN 3-7830-0155-2.
1979, 139 Seiten, kartoniert.   50,— DM

Standortbezogene Betriebsmittel
Von G. Pflieger. ISBN 3-7830-0167-6.
1979, 127 Seiten, kartoniert.   52,— DM

Die betriebswirtschaftliche Beurteilung neuer Arbeitsformen
Von B.-H. Zippe. ISBN 3-7830-0168-4.
1979, 350 Seiten, kartoniert.   98,— DM

Untersuchung des Arbeitsverhaltens programmierbarer Handhabungsgeräte
Von B. Brodbeck. ISBN 3-7830-0169-2.
1979, 117 Seiten, kartoniert.   48,— DM

Untersuchung eines kohärent-optischen Verfahrens zur Rauheitsmessung
Von N. Rau. ISBN 3-7830-0174-9.
1979, 117 Seiten, kartoniert.   48,— DM

Entwicklung einer programmierbaren, pneumatischen Steuerung
Von D. Klemenz. ISBN 3-7830-0171-4.
1979, 93 Seiten, kartoniert.   42,— DM

Diese Berichte sind zu beziehen durch den Krausskopf-Verlag, Lessingstraße 12, 6500 Mainz

IPA Forschung und Praxis

Berichte aus dem Fraunhofer-Institut für Produktionstechnik und Automatisierung, Stuttgart, und dem Institut für Industrielle Fertigung und Fabrikbetrieb der Universität Stuttgart

Herausgeber: Prof. Dr.-Ing. H. J. Warnecke

Die Berichte 38 und folgende sind zu beziehen durch den Springer-Verlag, Berlin Heidelberg New York Tokyo

IPA Forschung und Praxis

Berichte aus dem Fraunhofer-Institut für Produktionstechnik und Automatisierung, Stuttgart, und dem Institut für Industrielle Fertigung und Fabrikbetrieb der Universität Stuttgart

Herausgeber: Prof. Dr.-Ing. H. J. Warnecke

IPA Forschung und Praxis

Berichte aus dem Fraunhofer-Institut für Produktionstechnik und Automatisierung, Stuttgart, und dem Institut für Industrielle Fertigung und Fabrikbetrieb der Universität Stuttgart

Herausgeber: Prof. Dr.-Ing. H. J. Warnecke

75 **Entwicklung eines Verfahrens zur wertmäßigen Bestimmung der Produktivität und Wirtschaftlichkeit von Personalentwicklungsmaßnahmen in Arbeitsstrukturen**
Von Christian Müller. ISBN 3-540-13041-1.
1983. 129 Seiten mit 34 Abbildungen.   58,— DM

76 **Berechnung der Gestaltänderung von Profilen infolge Strahlverschleiß**
Von Wolfgang Marx. ISBN
1983. 121 Seiten mit 58 Abbildungen   58,— DM